普通高等学校工程训练"十四五"规划教材

普通高等学校工程训练精品教材

工程训练——锻压分册

主　编　邹方利

副主编　徐　凯　汪　峰

U0193855

华中科技大学出版社

中国·武汉

内 容 简 介

　　本书是根据教育部工程材料及机械制造基础课程教学指导组关于"工程训练教学基本要求"以及国内外高等院校工程基础教育发展状况,结合编者多年教学实践经验编写而成的。本书共 7 章,内容包括绪论、坯料的加热与锻件的冷却、自由锻、模锻、冲压、锻压成形新工艺、数值模拟在锻压成形中的应用。

　　本书可作为高等院校机械类和近机械类专业的工程训练教材。

图书在版编目(CIP)数据

工程训练.锻压分册/邹方利主编. —武汉:华中科技大学出版社,2024.4
ISBN 978-7-5772-0702-5

Ⅰ.①工…　Ⅱ.①邹…　Ⅲ.①机械制造工艺　Ⅳ.①TH16

中国国家版本馆 CIP 数据核字(2024)第 076308 号

工程训练——锻压分册　　　　　　　　　　　　　　　　　邹方利　主编
Gongcheng Xunlian——Duanya Fence

策划编辑:余伯仲
责任编辑:杨赛君
封面设计:廖亚萍
责任监印:朱　玢
出版发行:华中科技大学出版社(中国·武汉)　　　电话:(027)81321913
　　　　　武汉市东湖新技术开发区华工科技园　　　邮编:430223
录　　排:武汉三月禾文化传播有限公司
印　　刷:武汉市洪林印务有限公司
开　　本:710mm×1000mm　1/16
印　　张:5.25
字　　数:86 千字
版　　次:2024 年 4 月第 1 版第 1 次印刷
定　　价:19.80 元

普通高等学校工程训练"十四五"规划教材

普通高等学校工程训练精品教材

编写委员会

主　　任：王书亭（华中科技大学）

副主任：（按姓氏笔画排序）

于传浩（武汉工程大学）　　　　刘怀兰（华中科技大学）

江志刚（武汉科技大学）　　　　李　波（中国地质大学（武汉））

李玉梅（湖北工程学院）　　　　吴世林（中国地质大学（武汉））

吴华春（武汉理工大学）　　　　沈　阳（湖北大学）

张国忠（华中农业大学）　　　　罗龙君（华中科技大学）

孟小亮（武汉大学）　　　　　　贺　军（中南民族大学）

夏　新（湖北工业大学）　　　　漆为民（江汉大学）

委　　员：（排名不分先后）

徐　刚　　吴超华　　李萍萍　　陈　东　　赵　鹏　　张朝刚

鲍　雄　　易奇昌　　鲍开美　　沈　阳　　余竹玛　　刘　翔

段现银　　郑　翠　　马　晋　　黄　潇　　唐　科　　陈　文

彭　兆　　程　鹏　　应之歌　　张　诚　　黄　丰　　李　兢

霍　肖　　史晓亮　　胡伟康　　陈含德　　邹方利　　徐　凯

汪　峰

秘　　书：余伯仲

前　言

　　锻压是指金属材料在外力作用下产生塑性变形来获得毛坯或零件的加工方法。在国民经济生产和国防建设中,锻压技术是不可或缺的重要部分,它为各种机械产品和军工装备生产各种重要的基础零件。相应地,在高等院校机械类专业的技术基础课程"工程训练"中,锻压模块也成为其诸多模块中的一个重要模块。为此,我们将锻压部分单独整理编写成册。

　　本书主要介绍了锻造工艺、冲压工艺和锻压新工艺的基本原理、工装设备和工艺方法,详细描述了手工自由锻、机器自由锻等的操作过程及要点,使学生能够掌握手工锻造的基本操作技能。

　　与同类"工程训练"教材相比,本书具有以下特点。

　　(1) 在内容上力求做到以实践为主,注重教材的理论性及实用性,并适当拓宽知识面,如增加了锻压新工艺和计算机技术在锻压工艺中的应用等内容。

　　(2) 理论联系实际,结合典型工艺实例进行分析,便于学生掌握基本理论知识,增强工程实践能力,提高综合工程素养。

　　(3) 对传统知识体系进行了适当调整,章节安排层次清晰,课程内容由浅入深,图文并茂,便于学生理解。

　　(4) 每章均配有适量习题与思考,方便学生掌握每章要点,并培养学生分析问题和解决问题的能力。

　　本书可作为高等院校机械类及近机械类专业教材,亦可供有关工程技术人员参考。

　　本书由武汉工程大学邹方利担任主编,参加编写的人员还有中国地质大学徐凯、武汉纺织大学汪峰等。编者在编写本书过程中还参考了兄弟院校老师编写的相关教材和资料,在此一并表示感谢。

编　者

2024 年 1 月

目　　录

第1章 绪 论

了解锻压生产的工艺过程、特点、种类和应用范围。

金属压力加工是指金属材料在外力(通常为压力)作用下产生塑性变形,从而获得具有一定形状、尺寸和力学性能的毛坯或零件的加工方法。压力加工种类较多,主要有锻造、冲压、轧制、拉拔、挤压等。其中,锻压是金属压力加工的主要方法和手段之一,包括锻造和冲压两种。

用于锻压的材料应具有良好的塑性和较小的变形抗力,它在锻压时可产生较大的塑性变形而不致被破坏。在常用的金属材料中,锻造用的材料有低碳钢、中碳钢、低合金钢以及具有良好塑性的铝、铜等有色金属;冲压多采用低碳钢等薄板材料。铸铁无论是在常温下还是在加热状态下,其塑性都很差,不能锻压。

1.1 锻 造

锻造是一种利用锻压机械对金属坯料施加压力,使其产生塑性变形,以获得具有一定形状、尺寸和机械性能的锻件的加工方法。锻造又分为自由锻和模锻两种方式,自由锻还可分为手工自由锻和机器自由锻两种。胎模锻是由自由锻和模锻二者结合而派生出来的一种加工方式。根据锻造温度的不同,锻造可分为热锻、温锻和冷锻三种。

锻造生产的工艺过程为下料—加热—锻造—热处理—检验。在锻造中、小型锻件时,常以经过轧制的圆钢或方钢为原材料,用锯床、剪床或其他切割方法将其切成一定长度,送至加热炉中加热到一定温度,再在锻锤或压力机上对其进行锻打。塑性好、尺寸小的锻件,锻后可堆放在干燥地面直接冷却;塑性差、尺寸大的锻件,应在灰砂或一定温度的炉子中缓慢冷却,以防变形或开裂。多数锻件在锻打后要进行退火或正火热处理,以消除锻件中的内应力和改善金属基体组织。热处理后的锻件,一般要进行清理,去除表面油垢及氧化皮,以便检查表面缺陷。锻件毛坯经质量检查合格后再进行机械加工。

经过锻造加工后的金属材料,其内部原有的缺陷(如裂纹、疏松等)在锻造力的作用下可被压合,并形成细小晶粒。因此,锻件组织致密,其力学性能(尤其是抗拉强度和冲击韧度)比同类材料铸件的高。但受限于锻造的固态成形,锻件形状不能过于复杂,不宜制造复杂腔体类的零件。机器上一些承受重载荷和冲击载荷的重要零件(如机床主轴、曲轴、连杆、齿轮等),常用锻造方法制造毛坯。此外,锻造生产(除自由锻外)还具有较高的生产率与成形精度。因此,锻造加工在机械制造、军工、航空、轻工、家用电器等行业得到广泛应用。例如,飞机上的塑性成形零件占85%;汽车、拖拉机上的锻件占60%～80%。

锻造可使零件工作时的正应力与金属流线方向一致,切应力方向与流线方向垂直。如图 1-1(a)所示,圆棒料直接以车削方法制造螺栓时,头部和杆部的纤维被切断而不能连贯,头部承受的切应力方向与金属流线方向一致,锻件质量不高,且加工过程中有切屑产生,材料利用率较低。如图 1-1(b)所示,采用锻造中的局部镦粗法制造螺栓时,其纤维未被切断,具有较好的纤维方向,且加工过程中几乎无废料产生,材料利用率高。为保证纤维方向和受力方向一致,有些零件应采用保持纤维方向连续性的变形工艺,使锻造流线的分布与零件外形轮廓相符合而不被切断,如吊钩采用锻造弯曲工序、钻头采用扭转工序等。图 1-2(a)所示曲轴由切削加工而成,其纤维被切断,流线分布不合理,轴肩处容易产生裂纹。曲轴广泛采用全纤维弯曲镦锻法,如图 1-2(b)所示,可以显著提高其力学性能、延长使用寿命。

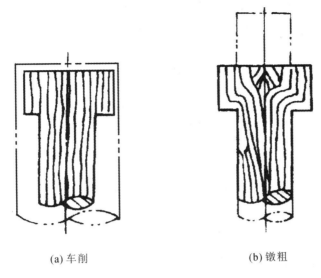

(a) 车削　　　　　　　　(b) 镦粗

图 1-1　螺栓的纤维分布

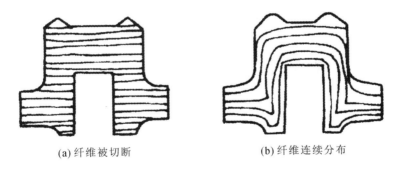

(a) 纤维被切断　　　　　　(b) 纤维连续分布

图 1-2　曲轴的纤维分布

1.2　冲　　压

冲压是利用冲压设备和冲模使板料(多为金属)产生分离或变形以获得所需形状和尺寸的毛坯或零件的加工方法,通常在室温下进行,又称冷冲压。冲压加工的生产率高,易于实现机械化、自动化。冲压件具有强度高、刚性好、结构轻等优点,在汽车、拖拉机、航空、仪表以及日用品等领域占有极为重要的地位。但是,冲压生产必须使用专用模具,因而只有在大批量生产的情况下,其优越性才能发挥出来。

习题与思考

1-1 锻造毛坯和铸造毛坯相比,其内部组织、力学性能有何不同? 举例说明锻件和铸件的应用场合。

1-2 锻压工艺包括锻造和冲压,它们同属于金属压力加工,上述两者有何区别? 各适用于什么场合?

第2章 坯料的加热与锻件的冷却

【实训目的与要求】

1. 了解锻造前坯料加热的目的和不同加热设备的应用场合；

2. 了解锻件冷却的几种方式；

3. 了解常见的加热缺陷。

2.1 概　述

锻造前对金属坯料进行加热和锻造后对锻件进行冷却都是锻造工艺过程中的重要环节,它们将直接影响锻件的质量。锻造前要对金属坯料进行加热,目的是提高坯料的可锻性并得到良好的组织性能。锻件的冷却方法主要取决于材料的化学成分、锻件形状和截面尺寸等因素。一般地,合金元素和碳的含量越高,锻件形状越复杂和截面尺寸变化越大,采用冷却越缓慢的冷却方式。

2.2 坯料的加热

金属坯料加热的目的是提高金属的塑性和降低变形抗力,即提高金属的锻造性能。在锻造生产中,除少数具有良好塑性的金属坯料可在常温下锻造外,大多数金属在常温下的锻造性能较差,造成锻造困难或不能锻造。但将这些金属加热到一定温度后,其塑性可大大提高,这时,只需要施加较小的锻打力,便能使其发生较大的塑性变形,这种锻造方法称为热锻。

加热温度如果过高,锻件会产生加热缺陷,如氧化、脱碳、过热和过烧等,甚至造成废品。因此,为了保证金属在变形时具有良好的塑性,同时又不致产生加热缺陷,锻造必须在合理的温度范围内进行。

1. 锻造温度范围

金属坯料的锻造是在一定的温度范围内进行的,不同的金属种类,其锻造温度范围是不一样的。锻造温度范围是指开始锻造温度(始锻温度)和终止锻造温度(终锻温度)之间的温度间隔。始锻温度是指金属坯料在锻造时所允许的最高加热温度,在保证不出现加热缺陷的前提下,始锻温度应取得高一些,以便有较充足的锻造时间,减少加热次数。终锻温度是指当温度下降到一定程度后,坯料难以继续变形,且容易锻裂,必须终止锻造时的温度,如继续锻造则需对坯料重新进行加热。在保证坯料有足够塑性的前提下,终锻温度应选得尽可能低些,以便获得内部组织更优、力学性能更好的锻件,同时也可延长锻造时间,减少加热次数。简而言之,锻造温度范围应尽可能取得宽一些。几种常用金属材料的锻造温度范围见表 2-1。

表 2-1　常用金属材料的锻造温度范围

材料种类	始锻温度/℃	终锻温度/℃	材料种类	始锻温度/℃	终锻温度/℃
碳素结构钢	1200～1250	800	高速工具钢	1100～1200	900
合金结构钢	1150～1200	800～850	耐热钢	1100～1150	800～850
碳素工具钢	1050～1200	750～800	弹簧钢	1100～1150	800～850
合金工具钢	1050～1150	800～850	轴承钢	1080	800
铝合金	450～500	350～380	铜合金	800～900	650～700

金属加热的温度可通过加热炉的热电偶温度计测量并显示出来,也可以使用光学高温计测量。550 ℃以上时,金属的颜色会发生变化。在单件小批量生产中,亦可根据坯料颜色和明亮度来判别温度,即火色鉴别法。碳钢温度与火色的关系见表 2-2。

表 2-2　碳钢温度与火色的关系

火色	黄白	淡黄	橙黄	橘黄	淡红	樱红	暗红	赤褐
温度/℃	>1300	1200	1100	1000	900	800	700	<600

2．加热设备

按热源的不同,锻造加热炉可分为火焰(燃料)加热炉和电加热炉两大类。

1) 火焰加热炉

火焰加热炉利用固体(煤、焦炭等)、液体(重油、柴油等)或气体(煤气、天然气等)燃料燃烧时所产生的热能对坯料进行加热。火焰加热炉的优点是加热炉的通用性强、投资少、建造较容易、加热费用较低、对坯料的适应范围广等,因此广泛用于各种大、中、小型坯料的加热。其缺点是加热速度慢,炉内气氛及加热难以控制,劳动条件较差。现介绍几种火焰加热炉。

(1) 明火炉　将金属坯料置于以煤为燃料的火焰中加热的炉子,称为明火炉,又称为手锻炉。其结构示意图如图 2-1 所示。明火炉结构简单,操作方便,但生产率低,热效率不高,加热温度不均匀且速度慢,在小件生产和维修工作中应用较多。锻工实习常使用这种炉子。因此,其常用来加热手工自由锻及小型空气锤自由锻的坯料,也可用于杆形坯料的局部加热。

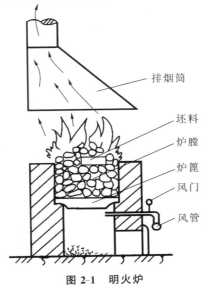

排烟筒

坯料
炉膛
炉篦
风门
风管

图 2-1　明火炉

（2）油炉和煤气炉　这两种炉分别以重油和煤气为燃料,结构基本相同,仅喷嘴结构不同。油炉和煤气炉的结构形式有很多,有室式炉、开隙式炉、推杆式连续炉和转底炉等。图 2-2 为室式重油炉的结构示意图,重油和压缩空气分别由两个管道送入喷嘴,当压缩空气从喷嘴喷出时,其所造成的负压会将重油带出并喷成雾状,雾状重油与空气混合均匀并燃烧以加热坯料。它通过调节喷油量及压缩空气的方法来控制炉温。这种加热炉用于自由锻坯料的加热,尤其是大型坯料和钢锭的加热。

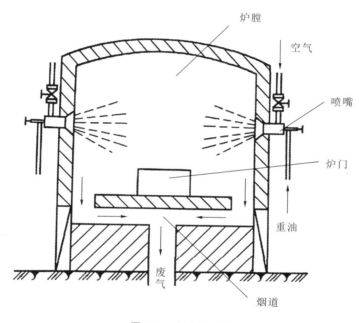

图 2-2　室式重油炉

2）电加热炉

电加热炉将电能转换为热能进而对金属坯料进行加热。电加热炉的优点是加热速度快、加热质量好、炉温控制准确、工作条件好等。电加热炉按电能转换为热能的方式可分为电阻炉、感应炉等。

（1）电阻炉　利用电流通过布置在炉膛围壁上的电热元件产生的电阻热,通过辐射和对流的传热方式将坯料加热。电阻炉通常制成箱形,分为中温箱式电阻炉和高温箱式电阻炉。中温箱式电阻炉采用电阻丝加热,最高使用温度常为 1000 ℃,一般用来加热有色金属及其合金的小型锻件;高温箱式电阻炉采用硅钾棒或硅碳棒加热,最高使用温度常为 1350 ℃,可用来加热高温合金的小型锻件。图 2-3 所示为箱式电阻炉,其特点是结构简单,操作方便,炉温及炉内气氛容易控制,但耗电量大,主要用于小批量生产或科研实验。

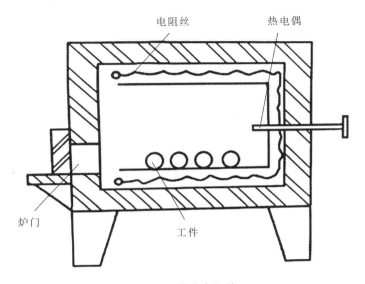

图 2-3   箱式电阻炉

(2)感应炉   感应炉的加热原理如图 2-4 所示,将工件置于感应线圈内,当感应线圈中通入交流电时,线圈周围空间将建立交变磁场,位于线圈中部的工件表面产生感应电流,密集于工件表面的交变电流将工件表面迅速加热至 800～1000 ℃,而其心部温度只接近于室温。感应器中一般通入中频或高频交流电,线圈中交流电的频率越高,工件受热层越薄。工件在加热的同时旋转向下运动,此时可立即喷水冷却加热好的部位。该设备可加热、冷却连续进行,主要用于轴类零件表面的快速加热、冷却,以实现表面淬火。感应炉具有加热快、加热质量高、温度控制准确、易实现自动化等特点,但设备投资成本较高,适用于大批量生产。

3. 碳钢常见的加热缺陷

由于加热不当,碳钢在加热时可能出现多种缺陷,碳钢常见的加热缺陷见表 2-3。

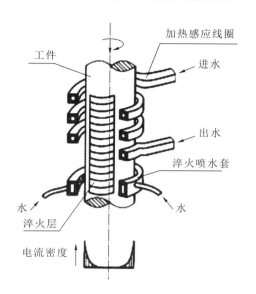

图 2-4 感应炉加热原理

表 2-3 碳钢常见的加热缺陷

名称	产生原因	危害	防止(减少)措施
氧化	坯料表面铁元素氧化	烧损材料;降低锻件精度和表面质量;缩短模具寿命	在高温区缩短加热时间;采用控制炉气成分的少(或无)氧化加热或电加热等;采用少装、勤装的操作方法;在钢材表面涂保护层
脱碳	坯料表面被烧损,使含碳量减少	降低锻件表面硬度,锻件变脆,严重时锻件边角处会产生裂纹	
过热	加热温度过高,停留时间长,造成晶粒粗大	锻件力学性能降低,须再经过锻造或热处理才能改善	过热的坯料可通过多次锻打或锻后正火消除
过烧	加热温度接近材料熔化温度,造成晶粒界面杂质氧化	坯料一锻即碎,只得报废	正确控制加热温度和保温的时间
裂纹	坯料内外温差太大,组织变化不均匀,造成材料内应力过大	坯料产生内部裂纹,并进一步扩展,导致报废	某些高碳或大型坯料,开始加热时应缓慢升温

2.3　锻件的冷却

热态锻件的冷却是保证锻件质量的重要环节。通常,锻件中的碳及合金元素含量越多,锻件体积越大,形状越复杂,冷却速度应越缓慢,否则会造成表面过硬而不易切削加工、变形甚至开裂等缺陷。常用的冷却方式有三种,见表 2-4。

表 2-4　锻件常用的冷却方式

冷却方式	特点	适用场合
空冷	锻后置于空气中散放,冷速快,晶粒细化	低碳、低合金钢小件或锻后不直接切削加工件
坑冷	锻后置于沙坑内或箱内堆放在一起	一般锻件,锻后可直接进行切削加工
炉冷	锻后置于原加热炉中,随炉冷却,冷速极慢	含碳或含合金成分较高的中、大型锻件,锻后可进行切削加工

2.4　锻件的热处理

在机械加工前,锻件要进行热处理,目的是均匀组织,细化晶粒,减小锻造残余应力,调整硬度,改善机械加工性能,为最终热处理做好准备。常用的热处理方法有正火、退火、球化退火等,要根据锻件材料的种类和化学成分来选择。

习题与思考

2-1 锻造前,坯料加热的作用是什么?

2-2 何为锻造温度范围?始锻温度和终锻温度过高或过低对锻件将会有什么影响?

2-3 锻件的冷却方式有哪几种?冷却速度过快对锻件有什么影响?

第3章 自由锻

【实训目的与要求】

1. 学会正确使用各种常用的手工自由锻工具；

2. 了解常用机器自由锻设备(空气锤)的工作原理、构造及使用方法；

3. 熟悉自由锻的基本工序；

4. 掌握典型零件的自由锻工艺过程。

【安全操作规范】

1. 实习前穿戴好各种安全防护用品，不得穿拖鞋、背心、短裤、短袖等。

2. 观察示范操作时，应站在离锻打处一定距离的安全位置(观察机器锻造时，站立位置应距离锻锤不小于1.5 m)。示范切断锻件时，站立位置应避开金属被切断时飞出的方向。

3. 锻锤操作前，必须检查所有的工具是否正常，钳口是否能稳固夹持工件，锤柄是否牢固，砧铁是否稳固，砧铁上不许有油、水和氧化皮。

4. 两人手工锤打时，必须高度协调，掌钳者必须将工件夹持牢固后方可锻打，以免坯料飞出伤人。只准单人操作的空气锤，禁止他人从旁帮助，以免工作不一致造成人身伤害事故。

5. 锻打后残留的氧化皮不准用嘴吹或用手直接清除，锻区内的锻件毛坯不准直接用手摸或脚踏，以防烫伤。

6. 锻锤工作时，严禁将手伸入工作区域内或在工作区域内放取各种工具、模具。

7. 设备一旦发生故障，应先关机、切断电源。

8. 实习完毕后，应清理工、夹、量具，并打扫工作场地。

3.1 概　　述

　　自由锻造(简称自由锻)是将金属坯料置于铁砧上,由手工锤头或机器施压,逐步改变坯料的形状、尺寸和组织结构,以获得所需锻件的工艺过程。手工锤头施压的称为手工自由锻,机器施压的称为机器自由锻。金属在自由锻的变形过程中只有部分表面受到工具限制,其余表面自由变形。目前,手工自由锻在小型锻件、单件生产及修配中尚有应用,而现代化的大生产则广泛采用机器自由锻。

　　在自由锻造的过程中,金属坯料在受力变形时,除打击方向外,其他方向的流动基本不受限制。锻件形状和尺寸主要由锻工的操作技术来控制。自由锻工艺具有以下特点:

　　(1) 自由锻所用工具和设备通用性强,工具简单,适用于形状简单的锻件;

　　(2) 自由锻不需要专用模具,生产准备周期短,适用于单件小批量生产,也可用于模锻前的制坯工序;

　　(3) 自由锻依靠操作者控制其形状和尺寸,工艺灵活,劳动强度大,生产效率低,锻件精度低,表面质量差,加工余量大;

　　(4) 自由锻可以锻出小到不足 1 kg 大到 300 t 左右的锻件。对于大型锻件,自由锻是唯一的加工方法,在重型机械制造中有特别重要的意义。

3.2 自由锻工具与设备

1. 手工自由锻工具与操作

　　手工自由锻不需要使用锻造机器,而是利用简单的工具,全部由手工操作完成锻造过程。因此,手工自由锻只能生产小型锻件。

1）手工自由锻工具

如图 3-1 所示，根据工具的功能，手工自由锻工具可分为以下几类。

（1）支持工具，指锻打过程中，用来支持坯料承受打击及安放其他用具的工具，如羊角砧等。

（2）锻打工具，指锻打过程中，对坯料施加打击力使之变形的工具，如各种大锤和手锤。

（3）成形工具，指锻打过程中，与坯料直接接触并使其变形，最终形成锻件所要求的形状的工具，如各种型锤、冲子等。

（4）切割工具，指用来切割坯料的工具，如各种錾子及切刀。

（5）夹持工具，指用来夹持、翻转和移动坯料的工具，如各种形状的钳子。

（6）测量工具，指用来测量坯料和锻件尺寸或形状的工具，如金属直尺、内外卡钳等。

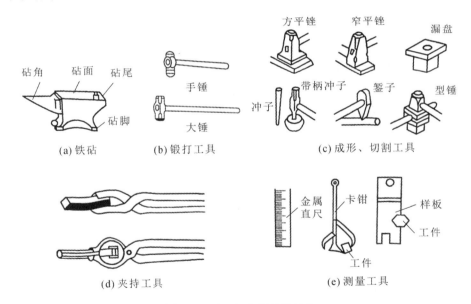

图 3-1　手工自由锻常用工具

2）手工自由锻的操作

手工自由锻可由一个人单独操作，也可由掌钳工和打锤工两人相互配合完成。

（1）锻击姿势　手工自由锻时，操作者站在离铁砧约半步的位置，左脚在右脚前半步,上身稍向前倾,眼睛注视锻件的锻击点。左手握住钳杆的中部,用以夹持、移动和翻转坯料,右手握住锤柄的端部,指示大锤的打击。锻击时,必须将锻件平稳地放置在铁砧上,并且根据锻击变形的需要,不断翻转或移动锻件。

(2)锻击方法 根据挥动手锤时使用的关节不同,锻击方法分为以下三种。

① 手挥法:主要靠手腕的运动来挥锤锻击,锻击力较小,以指示大锤的打击点和打击力。

② 肘挥法:手腕与肘部同时用力,锤击力度较大。

③ 臂挥法:手腕、肘和臂同时用力,作用力较大,可使锻件产生较大的变形量,但很费力。

3)锻造的"六不打"

① 低于终锻温度不打;

② 锻件放置不平不打;

③ 冲子不垂直不打;

④ 剁刀、冲子、铁砧等工具上有油污不打;

⑤ 镦粗时工件弯曲不打;

⑥ 工具、料头可能飞出的方向有人时不打。

锻造过程要严格做到"六不打"。

2. 机器自由锻工具与设备

机器自由锻主要依靠专用的工具和自由锻设备对坯料进行锻打,以改变坯料的形状和尺寸,从而获得所需锻件。

1)机器自由锻工具

如图 3-2 所示,机器自由锻工具根据功能主要分为以下几类。

(1)夹持工具:有圆钳、方钳、槽钳、抱钳、尖嘴钳、专用型钳等。

(2)切割工具:有剁刀、剁垫、刻棍等。

(3)变形工具:有压铁、摔子、压肩摔子、冲子、垫环(漏盘)等。

(4)测量工具:有金属直尺、内外卡钳等。

(5)吊运工具:有吊钳、叉子等。

2)机器自由锻设备

使用机器设备,使坯料在设备上、下两砧之间各个方向不受限制而自由变

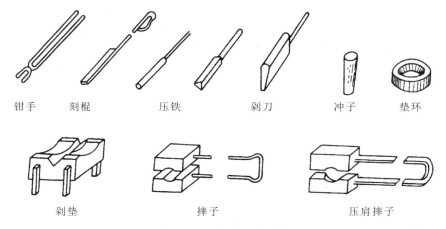

钳手　　刻棍　　压铁　　剁刀　　冲子　　垫环

剁垫　　　　　　摔子　　　　　压肩摔子

图 3-2 机器自由锻工具

形,以获得锻件的方法称为机器自由锻。机器自由锻适应性强,可生产大、中、小型不同规格的锻件。常用的机器自由锻设备有空气锤、蒸汽-空气锤和水压机。其中,空气锤使用灵活、操作方便,是生产小型锻件最常用的机器自由锻设备,蒸汽-空气锤适用于锻造中型或较大型锻件,水压机常用于锻造大型锻件。

(1)空气锤。

空气锤是将电能转化为压缩空气的压力来产生打击力。空气锤的规格用落下部分的质量来表示,一般为 50～1000 kg,打击力约为落下部分质量的 1000 倍。空气锤的型号用汉语拼音大写字母和数字表示,如型号为 C41-75B 的空气锤,其字母和数字分别代表的含义如图 3-3 所示。

C 41- 75 B
　　　　　└─ 第二次改进
　　　└─── 主参数(落下部分质量为75 kg)
　└────── 型别(第4组第1型空气锤)
└──────── 类别(锤类)

图 3-3 空气锤型号

空气锤由锤身、压缩缸、工作缸、传动机构、操纵机构、落下部分和砧座等组成,如图 3-4(a)所示。电动机通过带轮、减速齿轮、曲柄连杆等传动机构驱动活塞在压缩缸内做往复运动。压缩缸上腔或下腔产生压缩空气,再通过两缸之间的控制阀门进入工作缸,推动锤杆以及工作活塞做上下往复运动,以完成各种工作。空气锤的工作原理如图 3-4(b)所示。

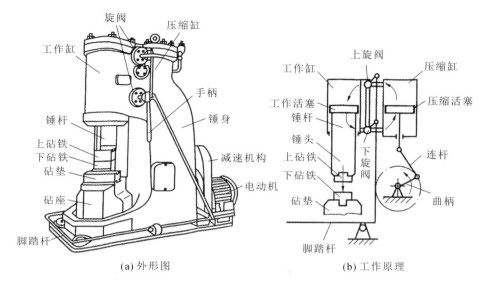

(a) 外形图　　　　　　　(b) 工作原理

图 3-4　空气锤

空气锤的操作：接通电源，启动空气锤后通过手柄或脚踏杆操纵上、下旋阀，可使空气锤实现空转、锤头悬空、连续打击、压锤和单次打击五种动作，以适应各种加工需要。

① 空转（空行程）。

当上、下阀操纵手柄在垂直位置，同时中阀操纵手柄在"空程"位置时，压缩缸上、下腔直接与大气连通，两者压力一致，由于没有压缩空气进入工作缸，因此锤头不工作。

② 锤头悬空。

当上、下阀操纵手柄在垂直位置，将中阀操纵手柄由"空程"位置转至"工作"位置时，工作缸和压缩缸的上腔与大气相通。此时，压缩活塞上行，被压缩的空气进入大气；压缩活塞下行，被压缩的空气由空气室冲开止回阀进入工作缸的下腔，使锤头上升，置于悬空位置。

③ 连续打击。

中阀操纵手柄在"工作"位置时，驱动上、下阀操纵手柄（或脚踏杆）向逆时针方向旋转，使压缩缸上、下腔与工作缸上、下腔互相连通。当压缩活塞向下或向上运动时，压缩缸下腔或上腔的压缩空气相应地进入工作缸的下腔或上腔，将锤头提升或落下。如此循环，锤头进行连续打击。打击能量的大小取决于上、下阀旋转角度的大小,旋转角度越大,打击能量越大。

④ 压锤(压紧锻件)。

当中阀操纵手柄在"工作"位置时,将上、下阀操纵手柄由垂直位置向顺时针方向旋转 45°,此时工作缸的下腔及压缩缸的上腔和大气连通。当压缩活塞下行时,压缩缸下腔的压缩空气由下阀进入空气室,并冲开止回阀经侧旁气道进入工作缸的上腔,使锤头压紧锻件。

⑤ 单次打击。

单次打击是通过变换操纵手柄的操作位置实现的。单次打击开始前,锤头处于悬空位置(即中阀操纵手柄处于"工作"位置),然后将上、下阀的操纵手柄由垂直位置迅速地向逆时针方向旋转到某一位置再迅速地转回到原来的垂直位置(或相应地改变脚踏杆的位置),这时便实现单次打击。打击能量随旋转角度而变化,转到 45° 时单次打击能量最大。如果将手柄或脚踏杆停留在倾斜位置(旋转角度不大于 45°),则锤头做连续打击。故单次打击实际上只是连续打击的一种特殊情况。

(2)蒸汽-空气锤。

蒸汽-空气锤的工作原理与空气锤相似,也是靠锤头来击打、锻打工件的,如图 3-5 所示。机器自身不带动力装置,需要蒸汽锅炉向其提供 0.7~0.9 MPa 的蒸汽,或空气压缩机向其提供压缩空气。蒸汽-空气锤的锻造能力明显大于空气锤,其规格也是用落下部分的质量(500~5000 kg)表示。

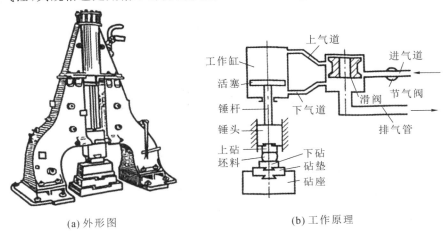

(a)外形图 (b)工作原理

图 3-5 双柱拱式蒸汽-空气锤

（3）水压机。

大型锻件需要在液压机上锻造，水压机是最常用的一种。水压机是利用高压水在工作缸中产生的静压力对坯料进行锻压的，如图 3-6 所示。水压机锻压过程平稳，冲击力和噪声小，锻件变形速率低，易将锻件锻透，使整个截面形成细晶粒组织，从而提高锻件的力学性能。水压机不需要笨重的底座，工作行程大并能在行程的任何位置进行锻压，劳动条件较好，对环境污染小。但水压机由于主体庞大，并需配备供水和操纵系统，故造价较高。水压机的规格以水压机产生的静压力来表示，一般为 5000～125000 kN（500～12500 t），可锻造 1～300 t 的大型重型坯料。

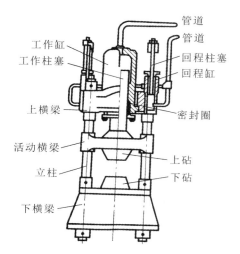 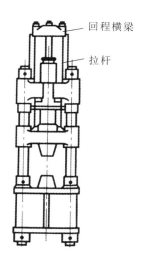

图 3-6　水压机

3.3　自由锻的基本工序

无论是手工自由锻还是机器自由锻，其工艺过程都是由一个或多个基本工序所组成的。所谓工序，是指一个或一组工人在一个工作地点对一个工件所连续完成的那部分工艺过程。根据变形的性质和程度不同，自由锻的基本工序包括镦粗、拔长、冲孔、扩孔、弯曲、切割、扭转、错移、锻接等，其中镦粗、拔长和冲孔应用最多;自由锻的辅助工序包括切肩、压痕等;自由锻的精整工序包括平整、整形等。

了解和掌握自由锻基本工序的各个工步中的金属流动规律和变形分布,对合理制定自由锻工艺规程、准确分析锻件质量是非常重要的。

1. 镦粗

镦粗是使坯料截面增大、高度减小的锻造工序,可分为完全镦粗(见图 3-7(a))和局部镦粗。局部镦粗按其镦粗的位置不同又可分为端部镦粗(见图 3-7(b))和中间镦粗(见图 3-7(c))两种。

镦粗主要用来锻造圆盘类(如齿轮坯)及法兰等锻件,在锻造空心锻件时,可作为冲孔前的预备工序。

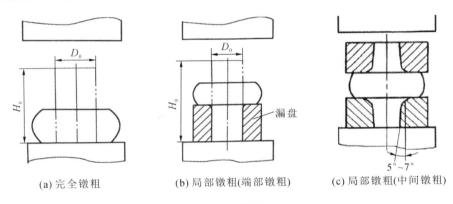

(a) 完全镦粗   (b) 局部镦粗(端部镦粗)   (c) 局部镦粗(中间镦粗)

图 3-7 镦粗

镦粗操作时要注意以下事项。

(1)坯料不能过长,被镦粗坯料的高度与直径(或边长)之比应小于2.5,否则容易镦弯,如图 3-8(a)所示。一旦出现镦弯,应将其放平,轻轻锤击矫正,如图 3-8(b)所示,否则会产生折叠或裂纹。

(2)镦粗时的锤击力要重且正,否则工件有可能产生细腰形,如图 3-9(a)所示,若不及时纠正,继续锻打则可能产生夹层,致使工件报废,如图 3-9(b)所示。

(3)坯料的端面应平整且与轴线垂直,否则可能会产生镦歪现象,如图 3-10(a)所示。矫正镦歪的方法是将坯料斜立,轻打镦歪的斜角,然后放正,继续锻打,如图 3-10(b)所示。如果锤头或砧铁的工作面因磨损而变得不平直,则锻打时应不断旋转坯料,以便获得均匀的变形而不致镦歪,如图 3-10(c)所示。

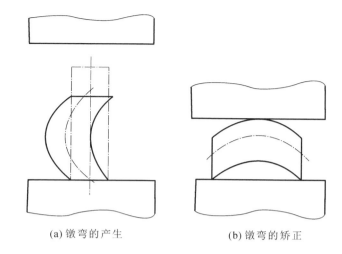

(a) 镦弯的产生　　　　　(b) 镦弯的矫正

图 3-8　镦弯的产生与矫正

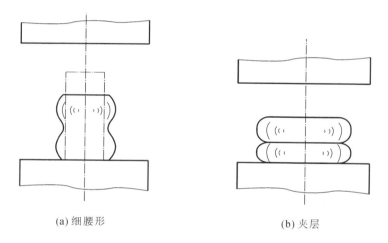

(a) 细腰形　　　　　(b) 夹层

图 3-9　细腰形及夹层

（4）镦粗的始锻温度采用坯料允许的最高始锻温度,并应烧透。坯料的加热要均匀,否则镦粗时工件变形不均匀,对于某些材料还可能会锻裂。

2. 拔长

拔长是使坯料横截面积变小、长度增加的锻造工序,又称延伸或引伸,可分为平砧拔长和芯轴拔长,如图 3-11 所示。拔长常用于锻制细长工件,如轴类、杆类和长筒形零件。芯轴拔长主要用于带有孔深的套筒类锻件,坯料需先冲孔,然后套在芯轴上拔长,坯料一边旋转一边轴向送进。

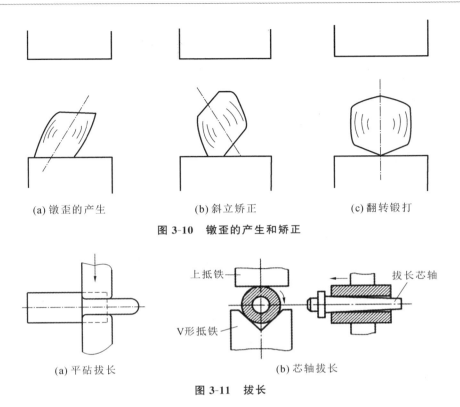

(a) 镦歪的产生　　　　(b) 斜立矫正　　　　(c) 翻转锻打

图 3-10　镦歪的产生和矫正

上抵铁

拔长芯轴

V形抵铁

(a) 平砧拔长　　　　　(b) 芯轴拔长

图 3-11　拔长

拔长操作时要注意以下事项。

（1）拔长时，坯料应沿砧铁的宽度方向送进，每次的送进量 $L=(0.3\sim0.7)B$（B 为砧铁宽度），如图 3-12（a）所示；送进量过大时，坯料主要向宽度方向变形，拔长效率反而降低，如图 3-12（b）所示；送进量过小时，会出现折叠，如图 3-12(c)所示。此外，每次压下量也不要过大，压下量应小于或等于送进量，否则也容易折叠。

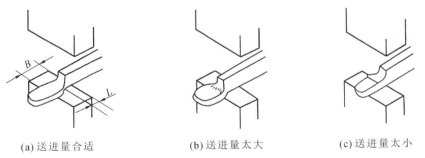

(a) 送进量合适　　　　(b) 送进量太大　　　　(c) 送进量太小

图 3-12　拔长时的送进方向和进给量

（2）拔长过程中要将坯料不断地翻转,同时沿轴向移动,以保证坯料在拔长过程中各部分的温度及变形均匀,不产生弯曲。常用的翻转方法有三种:①反复翻转拔长,如图 3-13(a)所示,将坯料反复左右翻转 90°,常用于塑性较高的材料;②螺旋式翻转拔长,如图 3-13(b)所示,将坯料沿一个方向作 90° 翻转,常用于塑性较低的材料;③单面前后顺序拔长,如图 3-13(c)所示,将坯料沿整个长度方向锻打一遍后,再翻转 90°,尔后依次进行,常用于频繁翻转不方便的大锻件,但应注意工件的宽度和厚度之比不要超过 2.5,否则再次翻转继续拔长时容易产生折叠。

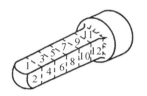  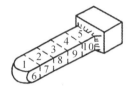

(a) 反复翻转拔长　　　　(b) 螺旋式翻转拔长　　　　(c) 单面前后顺序拔长

图 3-13　拔长时锻件的翻转方法

（3）将大直径的坯料拔长成小直径的锻件时,应先把坯料锻成正方形截面,在正方形截面下拔长,到接近锻件的直径时,再倒棱成八角形,最后滚打成圆形,这样锻造效率高、质量好,其变形过程如图 3-14 所示。

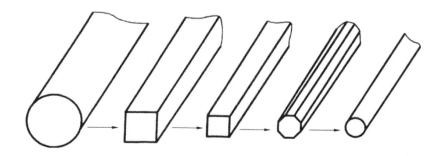

图 3-14　大直径坯料拔长时的变形过程

（4）锻制台阶轴或带台阶的方形、矩形截面的锻件时,在拔长前应先压肩。压肩后对一端进行局部拔长即可锻出台阶,如图 3-15 所示。

（5）锻件拔长后须进行修整,使其表面工整光滑、尺寸准确。修整矩形锻件

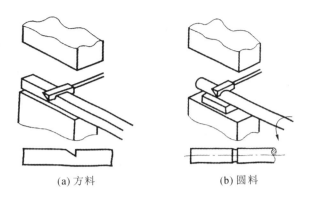

(a) 方料   (b) 圆料

图 3-15　压肩

时,应沿下砧铁的长度方向送进,以增加工件与砧铁的接触长度,如图 3-16(a)所示。拔长过程中若产生翘曲应及时翻转 180°轻打校平。圆形截面的锻件用型锤或摔子修整,如图 3-16(b)所示。

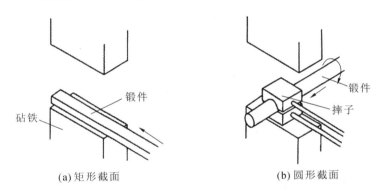

(a) 矩形截面   (b) 圆形截面

图 3-16　拔长后的修整

3. 冲孔

冲孔是用冲子在坯料上冲出通孔或盲孔(不通的孔)的锻造工序。冲孔主要用于锻造有孔的工件,如齿轮、圆环、套筒等。直径小于 25 mm 的孔一般不冲,而是选择钻孔切削。

根据冲孔所用冲子的形状不同,冲孔所用的冲子可分为实心和空心两种。其中,实心冲子冲孔又可分为单面冲孔和双面冲孔,分别如图 3-17 和图 3-18 所示。当冲孔直径超过 400 mm 时,多采用空心冲子冲孔。

单面冲孔:适用于较薄工件(高度与孔径之比小于 1/8)的孔加工,冲孔时将

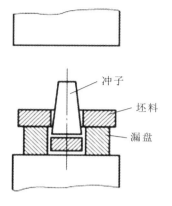

图 3-17　单面冲孔

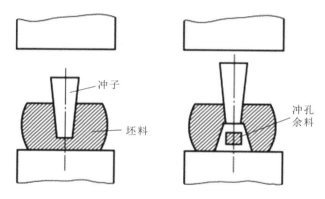

图 3-18　双面冲孔

工件放在漏盘上,冲子大端朝下,漏盘的孔径和冲子的直径应有一定的差值,冲孔时应仔细校正,冲孔后稍加平整。

双面冲孔:适用于较厚坯料的孔加工,操作过程如图 3-19 所示。为保证孔位正确,先试冲,用冲子轻轻冲出孔位凹痕并检查工位是否正确,如有偏差应及时纠正。为便于拔出冲子,可向凹痕内撒少许煤粉,将冲子冲深至坯料厚度的2/3~3/4 时,取出冲子,将工件翻转 180°,然后从反面将工件冲透。在冲制深孔时,冲子需经常蘸水冷却,以防受热变软。

4. 扩孔

为了防止坯料胀裂,冲孔的孔径一般要小于加工孔径的1/3,超过这一限制时,则要先冲出一个较小的孔,然后用扩孔的方法达到所要求的孔径尺寸。扩

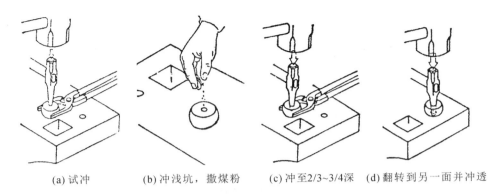

(a) 试冲　　　(b) 冲浅坑, 撒煤粉　　　(c) 冲至2/3~3/4深　　　(d) 翻转到另一面并冲透

图 3-19　双面冲孔的步骤

孔是空心坯料壁厚减薄而内径和外径增加的锻造工序, 其实质是沿圆周方向的变相拔长。常用的扩孔方法有冲子扩孔和芯轴扩孔等, 如图 3-20 所示。扩孔适用于锻造空心圈和空心环锻件。

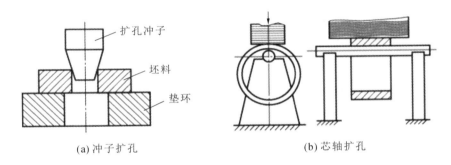

(a) 冲子扩孔　　　　　　　　　(b) 芯轴扩孔

图 3-20　扩孔

5. 弯曲

弯曲是使坯料弯成一定角度或形状的锻造工序, 主要用于锻造吊钩、链环、弯板等锻件。弯曲时最好只加热被弯曲的那部分坯料, 且加热必须均匀。在空气锤上进行弯曲时, 将坯料夹在上、下砧铁间, 使欲弯曲的部分露出, 用锤子将坯料打弯, 如图 3-21(a)所示, 也可借助成形垫铁、成形压铁等辅助工具, 使其产生成形弯曲, 如图 3-21(b)所示。

6. 扭转

扭转是将坯料的一部分相对于另一部分绕其轴线旋转一定角度的锻造工序, 如图 3-22 所示, 常用于锻造多拐曲轴、连杆、麻花钻等锻件和校直锻件。扭

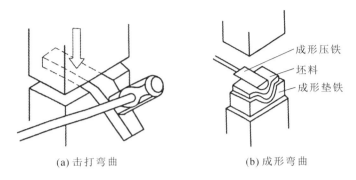

(a) 击打弯曲   (b) 成形弯曲

图 3-21 弯曲

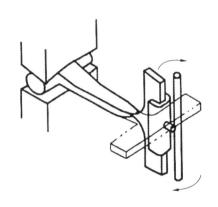

图 3-22 扭转

转前,应将整个坯料先在一个平面内锻造成形,并使受扭部分表面光滑。由于扭转时金属变形剧烈,扭转前应将受扭部分加热到始锻温度,且均匀热透。扭转后要注意缓慢冷却,以防裂纹产生。

7. 错移

错移是将坯料的一部分相对于另一部分上下错开,且保持错开后的两段中心轴线平行的锻造工序,常用于曲轴类锻件的锻造。错移前,坯料应先进行压肩等辅助工序,然后进行锻打错开,最后进行修整,如图 3-23 所示。

8. 切割

切割是将坯料切断的锻造工序,常用于下料和切除料头。方形坯料的切割如图 3-24(a)所示,其中较小截面的方形坯料常用单面切割法,先将剁刀(或錾子)垂直切入坯料,快断时翻转工件,再用剁刀或刻棍将连皮冲断;较大截面的

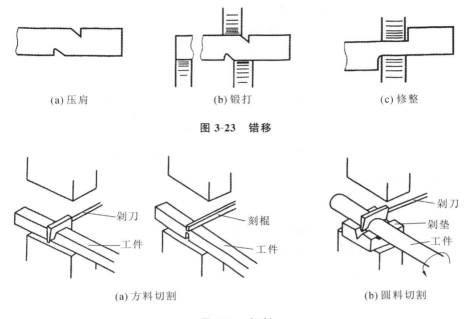

(a) 压肩　　　　　　　(b) 锻打　　　　　　　(c) 修整

图 3-23　错移

(a) 方料切割　　　　　　　　　　　(b) 圆料切割

图 3-24　切割

方形坯料可使用双面切割法或四面切割法。圆形截面坯料的切割如图 3-24（b）所示，在带有凹槽的剁垫中边切割边旋转坯料，直至切断为止。

9. 锻接

锻接是将两段或多段坯料在加热后，经过锻压变形使其连接成一个整体的锻造工序，也称锻焊。锻接主要用于小锻件生产或修理工作，如船舶锚链的锻焊，还有刃具的夹钢和贴钢，它是将两种成分不同的钢料锻焊在一起。锻接适用于含碳量较低的结构钢。典型的锻接方法有搭接法、咬接法和对接法。

3.4　自由锻工艺规程的制定

制定工艺规程、编写工艺卡片是进行自由锻生产必不可少的技术准备工作，是组织生产、规范操作、控制和检查产品质量的依据。制定工艺规程，必须结合生产条件、设备能力和技术水平等实际情况，力求技术上先进、经济上合理、操作上安全,以达到正确指导生产的目的。

制定自由锻工艺规程的主要内容和步骤包括根据零件图绘制锻件图、计算坯料质量与尺寸、确定锻造工序、选择锻造设备、确定坯料加热规范和填写工艺卡片等。

1．绘制锻件图

以零件图为基础,结合自由锻工艺特点绘制出锻件图,它是工艺规程的核心内容,是制定锻造工艺过程和检验锻件的依据。锻件图必须准确而全面反映锻件的特殊内容,如圆角、斜度等,以及对产品的技术要求,如性能、组织等。

绘制锻件图时主要考虑以下几个因素。

(1)敷料　对键槽、齿槽、退刀槽以及小孔、盲孔、台阶等难以用自由锻方法锻出的结构,必须暂时添加一部分金属以简化锻件的形状。为了简化锻件形状以便于进行自由锻而增加的这一部分金属,称为敷料,如图3-25中粗黑线部分即为敷料。

(2)锻件余量　在零件的加工表面上增加供切削加工用的余量,称为锻件余量,如图3-25中双点画线与粗黑线之间的部分即为余量。锻件余量与零件的材料、形状、尺寸、批量、生产实际条件等因素有关。零件越大,形状越复杂,则锻件余量越大。

(3)锻件公差　锻件公差是指锻件名义尺寸的允许变动量,其值与锻件形状、尺寸有关,并受具体生产情况的影响。

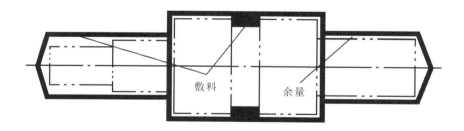

图 3-25　锻件敷料及余量

自由锻锻件余量和锻件公差可查有关手册。钢轴自由锻锻件余量和锻件公差见表3-1。

表 3-1　钢轴自由锻锻件余量和锻件公差(双边)　　　　(单位:mm)

零件长度	零件直径					
	<50	50~80	80~120	120~160	160~200	200~250
	锻件余量和锻件公差					
<315	5±2	6±2	7±2	8±3	—	—
315~630	6±2	7±2	8±3	9±3	10±3	11±4
630~1000	7±2	8±3	9±3	10±3	11±4	12±4
1000~1600	8±3	9±3	10±3	11±4	12±4	13±4

在锻件图上,锻件的外形用实线,如图 3-26 所示。为了使操作者了解零件的形状和尺寸,在锻件图上用双点画线画出零件的主要轮廓形状,并在锻件尺寸线的上方标注锻件尺寸与公差,尺寸线下方用圆括弧标注出零件尺寸。

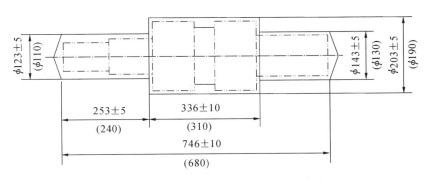

图 3-26　典型锻件图

2. 计算坯料质量与尺寸

1) 确定坯料质量

自由锻所用坯料的质量为锻件的质量与锻造时各种金属消耗的质量之和,可由下式计算:

$$G_{坯料} = G_{锻件} + G_{烧损} + G_{料头}$$

式中 $G_{坯料}$——坯料质量,kg;

      $G_{锻件}$——锻件质量,kg;

      $G_{烧损}$——加热时坯料因表面氧化而烧损的质量,kg,第一次加热取被加热金属质量的 $2\%\sim3\%$,以后各次加热取 $1.5\%\sim2.0\%$;

      $G_{料头}$——锻造过程中被冲掉或切掉的那部分金属的质量,kg,如冲孔时坯料中部的料芯、修切端部产生的料头等。

对于大型锻件,当采用钢锭作坯料进行锻造时,还要考虑切掉的钢锭头部和尾部的质量。

2)确定坯料尺寸

根据塑性加工过程中体积不变原则和采用的基本工序类型(如拔长、镦粗等)的锻造比、高度与直径之比等计算出坯料横截面积、直径或边长等尺寸。典型锻件的锻造比见表 3-2。

表 3-2　典型锻件的锻造比

锻件名称	计算部位	锻造比	锻件名称	计算部位	锻造比
碳素钢轴类锻件	最大截面	2.0~2.5	锤头	最大截面	≥2.5
合金钢轴类锻件	最大截面	2.5~3.0	水轮机主轴	轴身	≥2.5
热轧辊	辊身	2.5~3.0	水轮机立柱	最大截面	≥3.0
冷轧辊	辊身	3.5~5.0	模块	最大截面	≥3.0
齿轮轴	最大截面	2.5~3.0	航空用大型锻件	最大截面	6.0~8.0

3. 确定锻造工序

自由锻锻造工序的选取应根据工序特点和锻件形状来确定。一般锻件的分类及采用的工序见表 3-3。

表 3-3 锻件分类及所需锻造工序

锻件类别	图例	锻造工序
盘类零件		镦粗(或拔长—镦粗)、冲孔等
轴类零件		拔长(或镦粗—拔长)、切肩、锻台阶等
简类零件		镦粗(或拔长—镦粗)、冲孔、在芯轴上拔长等
环类零件		镦粗(或拔长—镦粗)、冲孔、在芯轴上扩孔等
弯曲类零件		拔长、弯曲等

　　自由锻工序的选择与整个锻造工艺过程中的火次(即坯料加热次数)和变形程度有关。所需火次与每一火次中坯料成形所经历的工序都应明确规定出来,写在工艺卡片上。

4. 选择锻造设备

　　根据作用在坯料上力的性质,自由锻设备分为锻锤和液压机两大类。锻锤通过产生冲击力使金属坯料变形。生产中常使用的锻锤是空气锤和蒸汽-空气锤。空气锤的特点是结构简单,操作方便,维护容易,但吨位较小,只能用来锻造 100 kg 以下的小型锻件。蒸汽-空气锤采用蒸汽和压缩空气作为动力,其吨位稍大,可用来生产质量小于 1500 kg 的锻件。液压机通过产生静压力使金属坯料变形。目前大型水压机可达万吨以上,能锻造 300 t 的锻件。由于静压力作用时间长,容易达到较大的锻透深度,故液压机锻造可获得整个断面为细晶粒组织的锻件。另外,液压机工作平稳,金属变形过程中无振动,噪声小,劳动条件较好。但液压机设备庞大、造价高。

　　自由锻设备的选择应根据锻件大小、质量、形状以及锻造基本工序等因素,并结合生产实际条件来确定。例如,用铸锭或大截面毛坯作为大型锻件的坯料,可能需要多次镦、拔操作,在锻锤上操作比较困难,并且心部不易锻透,而在水压机上因其行程较大,下砧可前后移动,镦粗时可换用镦粗平台,所以大多数大型锻件都在水压机上生产。

3.5 典型自由锻锻件的工艺过程

以下所述为两种典型锻件自由锻工艺过程的示例。

（1）齿轮坯自由锻工艺过程见表3-4。

表 3-4 齿轮坯自由锻工艺过程

锻件名称	齿轮毛坯	工艺类型	自由锻
材料	45 钢	设备	65 kg 空气锤
加热次数	1 次	锻造温度范围	850～1200 ℃

锻件图	坯料图

序号	工序名称	工序简图	使用工具	操作工艺
1	镦粗		火钳 镦粗漏盘	控制镦粗后的高度为 45 mm

续表

序号	工序名称	工序简图	使用工具	操作工艺
2	冲孔		火钳 镦粗漏盘 冲子 冲子漏盘	1. 注意冲子对中。 2. 采用双面冲孔,左图为工件翻转后将孔冲透的情况
3	修正外圆	$\phi 92 \pm 1$	火钳 冲子	边轻打边旋转锻件,使外圆清除鼓形,并达到 $\phi 92 \pm 1$ mm
4	修整平面	44 ± 1	火钳	轻打(如端面不平还要边打边转动锻件),使锻件厚度达到 44 ± 1 mm

（2）齿轮轴零件图如图 3-27 所示,其毛坯自由锻工艺过程见表 3-5。

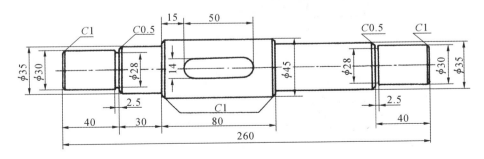

图 3-27 齿轮轴零件图

表 3-5 齿轮轴毛坯自由锻工艺过程

锻件名称	齿轮轴毛坯	工艺类型	自由锻
材料	45 钢	设备	75 kg 空气锤
加热次数	2 次	锻造温度范围	800～1200 ℃

锻件图	坯料图

序号	工序名称	工序简图	使用工具	操作工艺
1	压肩		圆口钳 压肩摔子	边轻打边旋转锻件
2	拔长		圆口钳	将压肩一端拔长至直径不小于 $\phi40$ mm
3	摔圆		圆口钳 摔圆摔子	将拔长部分摔圆至 $\phi40\pm1$ mm

续表

序号	工序名称	工序简图	使用工具	操作工艺
4	压肩		圆口钳 压肩摔子	截出中段长度 88 mm 后,将另一端压肩
5	拔长		尖口钳	将压肩一端拔长至直径不小于 $\phi 40$ mm
6	摔圆修整		圆口钳 摔圆摔子	将拔长部分摔圆至 $\phi 40 \pm 1$ mm

习题与思考

3-1 何谓自由锻和机器自由锻?机器自由锻主要使用哪些设备?

3-2 空气锤的规格是怎样确定的?锤的落下部分指的是什么?

3-3 空气锤可完成哪些动作?怎样实现锤头悬空、压锤和连续打击等动作?

3-4 自由锻有哪些基本工序,各适用于加工哪类锻件?

3-5 拔长时加大进给量是否可提高坯料的拔长效率?为什么?

3-6 重要的轴类锻件在锻造过程中常安排有镦粗工序,为什么?

第4章 模 锻

1.了解蒸汽-空气模锻锤的工作原理和构造;

2.熟悉胎模锻的基本工序;

3.熟悉自由锻、模锻和胎模锻三者之间的异同,并能合理选取锻造方式;

4.熟悉仿真软件的基本操作,通过模拟仿真进一步了解模锻的成形过程。

【安全操作规范】

1.实习前穿戴好各种安全防护用品,不得穿拖鞋、背心、短裤、短袖等。

2.观察示范操作时,应站在离锻打处一定距离的安全位置(观察机器锻造时,站立位置应距离锻锤不小于 1.5 m)。示范切断锻件时,站立位置应避开金属被切断时飞出的方向。

3.锻打后残留的氧化皮不准用嘴吹或用手直接清除,锻区内的锻件毛坯不准直接用手摸或脚踏,以防烫伤。

4.锻锤工作时,严禁将手伸入工作区域内或在工作区域内放取各种工具、模具。

5.设备一旦发生故障,应先关机、切断电源。

6.实习完毕后,应清理工、夹、量具,并打扫工作场地。

4.1　概　　述

　　将加热后的坯料放入固定在模锻设备上的锻模(模具)模腔内,通过施加压力,使其在模腔所限制的空间内产生塑性变形,从而获得与模腔形状相符的锻件,这种成形方法叫作模型锻造,简称模锻。由于金属在模腔内变形,其流动受到模壁的限制,因而模锻生产的锻件尺寸精确、表面光洁、加工余量较小,结构可以较复杂,而且生产率高。按照锻模固定方式的不同,模型锻造成形有固定模锻和胎模锻两种。

　　与自由锻相比,模锻有如下特点:

　　(1) 优点。

　　① 锻件成形是靠模腔控制,可锻出形状复杂、更接近于成品的锻件,如图 4-1 所示。其操作技术要求不高,生产率高,一般比自由锻造高 3～4 倍,甚至十几倍。

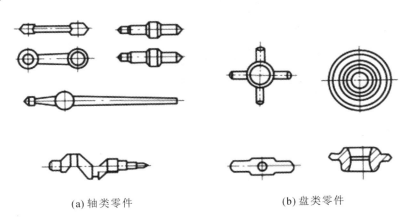

(a)轴类零件　　　　　　　　　　　(b)盘类零件

图 4-1　典型模锻件

　　② 尺寸精确,加工余量小,节省材料,减小切削量,降低成本(批量)。

　　③ 操作简单,质量易于控制,生产过程易实现机械化、自动化。

　　(2) 缺点。

　　① 受设备吨位限制,质量不能太大(150 kg 以下)。

② 锻模成本高,不宜于小批量、单件生产。

目前,模锻生产已广泛地应用于汽车、航空航天、国防工业和机械制造业中,而且随着现代化工业生产的发展,模锻件的质量正逐渐提高。

4.2 固 定 模 锻

固定模锻是指上、下模分别固定在锻压设备的锤头(或滑块)及下砧(或工作台)上的锻造方式。由于固定模锻所用设备的刚度高,导向精度较高,还有防止上下错移的装置等,所以锻件的精度及生产率比胎模锻高,采用多模腔锻模可锻制形状复杂的锻件,但由于设备及模具较昂贵,只适用于成批大量生产中、小型锻件。

按模具固定的设备不同,模锻又分为锤上模锻、压力机上模锻。

1. 锤上模锻

模锻所用设备有蒸汽-空气模锻锤、无砧座锤、高速锤等,其中用得最多的是蒸汽-空气模锻锤,如图 4-2 所示。蒸汽-空气模锻锤的动力和锤击能力与自由锻造的蒸汽-空气锤相同,主要区别在于其模锻锤的锤头与导轨之间的间隙比自由锻锤小;机架直接安装在砧座上,形成封闭结构;砧座较重,为落下部分质量的 20～25 倍。这些主要是由于模锻件精度较高,锻造时必须保证锤头运动精确,上、下模对正,以获得较高的锻件精度。

常用模锻锤的吨位为 1～16 t,能锻造质量为 0.5～150 kg 的模锻件。但由于蒸汽-空气模锻锤需要的锅炉设备庞大、技术落后,近年来大吨位模锻锤有逐渐被压力机所取代的趋势。

锤上模锻的锻模如图 4-3 所示,锻模的上模和下模分别安装在锤头的下端和模座的燕尾槽内,用楔铁对准和紧固,在锤击时能保证上模、下模对准。上模、下模的分界面称为分模面,分模面上开有飞边槽,上、下模闭合时所形成的空腔为模腔。工作时,上模和锤头一起做上下往复运动。锻后取出模锻件,切去飞边和冲孔连皮,便完成模锻过程。

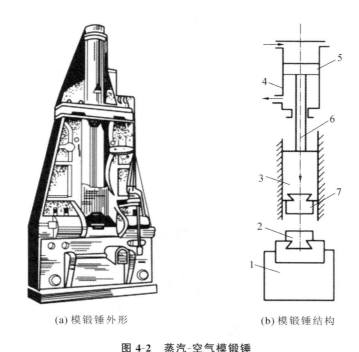

(a) 模锻锤外形　　　　　　　(b) 模锻锤结构

图 4-2　蒸汽-空气模锻锤

1—砧座;2—下模;3—锤头;4—汽缸;5—活塞;6—锤杆;7—上模

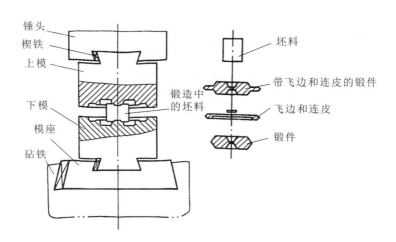

图 4-3　锤上模锻所用的锻模

根据模的功用,锻模的模腔可分为模锻模腔和制坯模腔两大类。模腔内与分模面垂直的表面都有 5°~10° 的斜度,称为模锻斜度,以便于锻件出模。模腔内所有相交的壁都应是圆角过渡,以利于金属充满模腔及防止应力集中使模膛开裂。

1）模锻模膛

模锻模膛的作用是使坯料在此种模膛中发生整体变形,从而满足锻件所要求的形状和尺寸。模锻模膛可分为预锻模膛和终锻模膛两种。预锻模膛与终锻模膛的主要区别是,前者的圆角和斜度较大,没有飞边槽。

（1）预锻模膛。预锻模膛的作用是使坯料变形到接近锻件的形状和尺寸,模膛内的斜度和圆角较大,金属容易充满模膛。经过预锻后再进行终锻,这样就减少了终锻模膛的磨损,可以延长锻模的使用寿命。

（2）终锻模膛。终锻模膛的作用是使坯料最后变形到锻件所要求的形状和尺寸,它的形状应和锻件的形状相同。因锻件冷却时要收缩,故终锻模膛的尺寸应比锻件尺寸放大一个收缩量。钢锻件收缩量取 1.5%。另外,终锻模膛沿四周有飞边槽,用以增加金属从模膛中流出的阻力,促使金属充满模膛,同时容纳多余的金属。带孔的模锻件在模锻时不能直接获得通孔,该部位留有一层较薄的金属,称为冲孔连皮。这是因为不可能靠上、下模突出部分将金属完全挤出,而且变形金属越薄,冷却越快,流动阻力越大,模具越容易损坏。故带孔的模锻件在锻后再将连皮冲除。带有冲孔连皮及飞边的模锻件如图 4-4 所示。

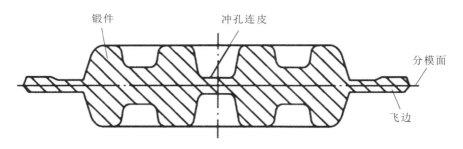

图 4-4　带有冲孔连皮及飞边的模锻件

2）制坯模膛

对于形状复杂的锻件,应将原始坯料预先在制坯模膛内进行制坯,以便金属能合理分布并很好地充满模锻模膛。制坯模膛有以下几种类型。

（1）拔长模膛。其作用是减小坯料某部分的横截面积,以增加该部分的长度。拔长模膛分为开式和闭式两种,一般设在锻模的边缘,如图 4-5 所示。

（2）滚压模膛。其作用是减小坯料某一部分的横截面积,以增加另一部分

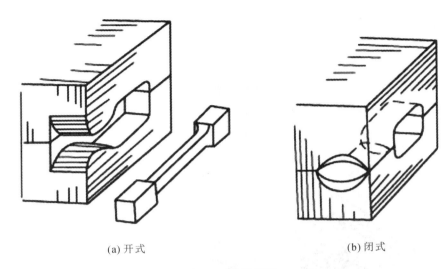

(a) 开式　　　　　　　　　　　　(b) 闭式

图 4-5　拔长模膛

的横截面积,从而使金属按锻件形状来分布。滚压模膛分为开式和闭式两种,如图 4-6 所示。操作时,坯料除送进外还需翻转。

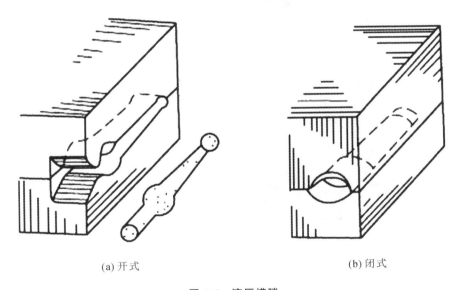

(a) 开式　　　　　　　　　　　　(b) 闭式

图 4-6　滚压模膛

（3）弯曲模膛。其作用是弯曲杆类模锻件的坯料,坯料可以直接或先经其他制坯工序后放入弯曲模膛进行变形。

（4）切断模膛。切断模膛是一对冲压切断模,主要用来切去飞边槽和冲孔连皮等锻件以外的金属。

此外,还有成形模膛、镦粗台等制坯模膛。

根据模锻件复杂程度的不同,所需要变形的模膛数量不等,可将锻模设计成单膛锻模或多膛锻模。单膛锻模是指在一副锻模上只有终锻模膛一个模膛。多膛锻模是指在一副锻模上有两个以上模膛的锻模,最多不超过 7 个模膛。弯曲连杆的多模膛锻模如图 4-7 所示。

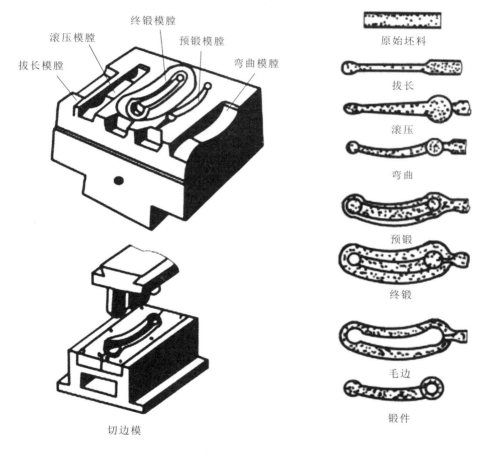

图 4-7 弯曲连杆的多模膛锻模

2. 压力机上模锻

用于模锻生产的压力机有摩擦压力机、曲柄压力机、平锻机、模锻水压机等。

1）摩擦压力机

摩擦压力机上模锻主要是靠飞轮、螺杆及滑块向下运动时所积蓄的能量来实现锻件变形,如图 4-8 所示。其吨位是以滑块到达行程最下位置时所产生的最大压力表示。飞轮依靠左、右摩擦盘控制飞轮旋转方向,依靠飞轮上的螺杆与机体上的螺母传动使螺杆上的滑块做上下往复运动,进行锻压加工。常用的摩擦压力机的吨位一般都在 1000 t 以下,最大的可达 8000 t。滑块的行程次数为 9～35 次/min,生产率较低。

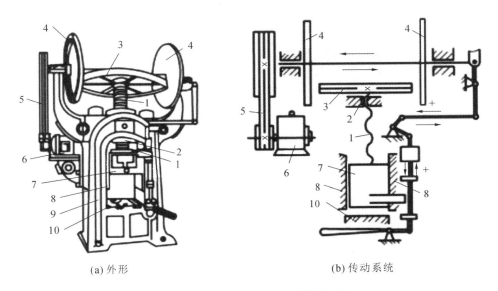

(a) 外形　　　　　　　　　　　　(b) 传动系统

图 4-8　摩擦压力机的外形与传动系统

1—螺杆;2—螺母;3—飞轮;4—摩擦轮;5—传送带;6—电动机;7—滑块;8—导轨;9—机架;10—机座

摩擦压力机具有结构简单、造价低、投资少、使用维修方便、振动小、基建要求不高、操作安全、工艺用途广泛等特点,主要用于中、小型锻件的小批或中批量生产,例如螺栓、螺帽、配气阀、齿轮、三通阀体等。

2）曲柄压力机

曲柄压力机是利用曲轴(或偏心轴)和连杆控制滑块做上下往复运动来实现锻件变形,如图 4-9 所示。锻模的上模装在滑块上,下模装在楔形工作台上。调节楔形工作台的高度可改变压力机的闭合高度(在下止点时滑块底面到工作台面之间的垂直距离)。滑块行程长度是曲轴偏心距离的 2 倍。其吨位是以滑块到达行程长度最下位置(下止点)时所产生的压力表示。

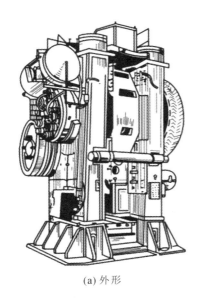
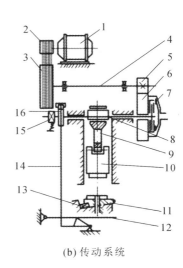

(a) 外形　　　　　　(b) 传动系统

图 4-9　热模锻曲柄压力机的外形与传动系统

1—电动机;2—小带轮;3—大带轮(飞轮);4—传动轴;5,6—变速齿轮;7—摩擦离合器;8—偏心轴;

9—连杆;10—滑块;11—工作台;12—下顶杆;13—楔铁;14—顶出机构;15—制动器;16—凸轮

曲柄压力机的吨位一般是 2000～12000 t,滑块的行程次数为 39～85 次/min。曲柄压力机锻件精度高、生产率高、振动小、噪声小、劳动条件好,但设备复杂,造价相对较高。曲柄压力机上模锻是一种先进的现代化模锻方法,容易实现机械化、自动化生产,特别适合大批量生产。

4.3　胎　模　锻

胎模锻是在自由锻设备上使用可移动的模具(称为胎模)生产模锻件的方法。胎模不固定在锤头或砧座上,只是在使用时才放上去,故胎模锻介于自由锻和固定模锻之间。对于形状较为复杂的锻件,通常先用自由锻的方法使坯料初步成形,然后在胎模内终锻成形。

胎模锻同时具有自由锻和固定模锻的某些特点。与固定模锻相比,胎模锻无须昂贵的模锻设备,可使用自由锻设备;工艺灵活,模具制造简单。但胎模锻

46

锻件精度比固定模锻锻件低,且劳动强度大、胎模寿命短、生产率低。与自由锻相比,胎模锻是在模腔内成形,锻件形状较复杂和尺寸较准确,生产率较高。

胎模锻在很大程度上同时具备了自由锻和固定模锻的优势,故在没有固定模锻设备的中、小厂中得到了广泛应用,适合小型锻件的几十件到几百件中、小批量生产。胎模锻既可制坯,又可成形,既可整体成形,也可局部变形,不但能锻造形状简单的锻件,也可成形较为复杂形状的锻件等。

1. 胎模的结构与种类

胎模结构简单且形式较多,图 4-10 所示为一种合模,它由上、下模块组成,模块间的空腔称为模腔,模块上的导销和销孔起到合模时的导向作用,可使上、下模块对准,手柄供搬动模块用。

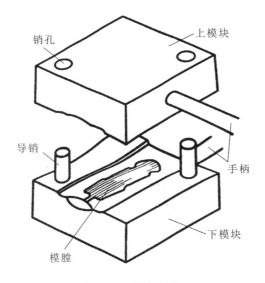

图 4-10 胎模结构

胎模的种类很多,按其结构可分为扣模、套筒模和合模三种类型。

1)扣模

扣模用来对坯料进行全部或局部扣形,主要生产形状简单的杆状非回转体锻件,如图 4-11(a)所示。

2)套筒模

如图 4-11(b)所示,套筒模为圆筒状,可分为开式和闭式两种。开式套筒模只有下模,上面是平面,坯料放入模腔后由锻锤锤头直接锤击坯料,使金属充满模腔,用于锻造法兰盘、齿轮坯等回转类的锻件。闭式套筒模有上模,大多用于上表面有形状要求的锻件,如两面带有凸台的齿轮坯等。

3) 合模

合模通常由上模和下模组成,为使上、下模定位准确,锻模常设计有导柱或锁扣,以保证锻件的精度,如图 4-11(c)所示。有的合模还设计有飞边槽。合模常用于连杆、叉形件等复杂锻件的胎模锻造。

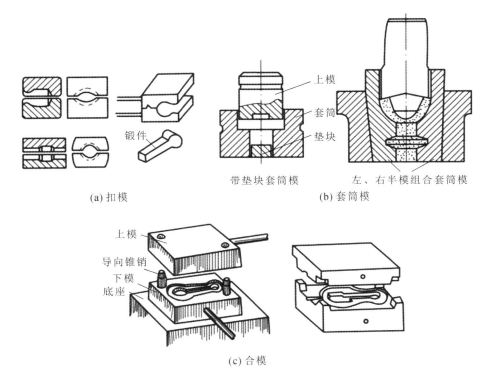

(a)扣模   (b)套筒模

(c)合模

图 4-11　三种胎模

2. 胎模锻的工艺举例

锥齿轮坯的胎模锻过程如图 4-12 所示,其中图 4-12(a)所示为锥齿轮坯。模锻时,下模放在下砧上,把加热好的坯料放入下模的模腔中,如图 4-12(b)所示,然后将上模合上,如图 4-12(c)所示;锤击上模,使金属坯料充满模腔,如图 4-12(d)所示,以获得锥齿轮坯。

图 4-13 所示为双联齿轮坯的胎模锻过程,其中图 4-13(a)所示为双联齿轮

坯。将加热好的坯料放入垫模内锻出上凸缘,如图 4-13(b)所示。调头放入外垫模,再在坯料上套入可分式内垫环,经锻造便可成形,如图 4-13(c)所示。

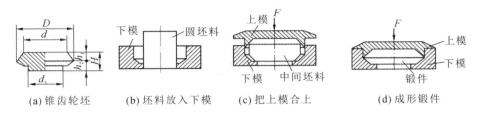

(a) 锥齿轮坯 (b) 坯料放入下模 (c) 把上模合上 (d) 成形锻件

图 4-12 锥齿轮坯的胎模锻过程

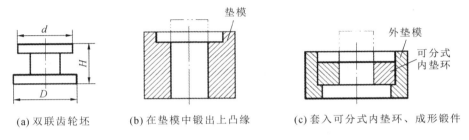

(a) 双联齿轮坯 (b) 在垫模中锻出上凸缘 (c) 套入可分式内垫环、成形锻件

图 4-13 双联齿轮坯的胎模锻过程

习题与思考

4-1 试从生产率、锻件精度、锻件复杂程度、锻件成本几个方面比较自由锻、胎模锻和固定模锻三种锻造方法的特点。

4-2 简述预锻模膛和终锻模膛的区别。

4-3 模锻件为什么有斜度、圆角及冲孔连皮?

4-4 胎模的种类有哪些?分别用于什么场合?

第5章 冲 压

【实训目的与要求】

1.了解冲床的工作原理、构造及使用方法；

2.熟悉冲压的基本工序；

3.了解冲模的结构和分类；

4.熟悉仿真软件的基本操作,通过模拟仿真进一步了解冲压的成形过程。

【安全操作规范】

1.操作者必须熟悉冲床的性能、特点和操作方法,否则禁止使用；

2.根据零件合理选用冲床,所需的冲压压力不能高于冲床的标称压力；

3.开机前应锁紧各部位螺钉,以免松动而造成设备、模具损坏和人身安全事故；

4.工作台上不准放置杂物,操作人员必须思想集中,严禁闲谈；

5.开机后,严禁将手伸入上、下模之间,拿取工件或废料时应使用工具,冲压过程中,上、下模之间不准放入任何物品；

6.两人以上共同操作时,只许一人操作离合器踏板,若发现连冲、异响,应立即停机并检查；

7.模具装拆或调整应在停机后进行。

5.1　概　　述

利用冲压设备和冲模使板料分离或变形,以获得制件的加工方法称为板料冲压,简称冲压。冲压所用的板料厚度一般不超过 6 mm,冲压成形通常是在室温下进行的,故又叫冷冲压。当板料厚度大于 8～10 mm 时,则采用热冲压。板料冲压的材料必须具有良好的塑性,多为金属材料,如低碳钢,不锈钢,铜、铝及其合金等,也可以是非金属材料,如木板、皮革、云母片等。

与铸造、锻压、焊接、切削加工等方法相比,板料冲压具有以下特点:

(1) 板料冲压可以冲出形状复杂的制件;

(2) 冲压件材料利用率高、质量轻、强度高、刚度好,有利于产品轻量化设计;

(3) 冲压件尺寸精度高,表面光洁,质量稳定,互换性好,一般无须进行切削加工即可作为零件使用;

(4) 冲压件经塑性变形产生形变强化,使得冲压件的强度高、刚度好;

(5) 冲压操作简单,生产率高,易于实现机械化和自动化;

(6) 冲模结构复杂,精度要求高,制造成本高,生产周期长,故适用于大批量生产。

在所有制造金属或非金属薄板成品的工业部门中都可采用冲压生产,尤其在日用品、汽车、航空、电器、电机和仪表等工业生产部门,应用更为广泛。

5.2　冲压设备

冲压所用的设备主要有剪床和压力机(冲床)。

1. 剪床

剪床是用来下料的基本设备,它将板料剪成一定宽度的条料或块料,以供冲压,其外形图和传动简图如图 5-1 所示。电动机带动带轮和齿轮转动,离合器闭合使曲轴旋转,带动装有上刀片的滑块做上下运动,与固定在工作台上的下刀片相配合进行剪切。制动器控制滑块的运动,使上刀片剪切后停在最高位置,为下次剪切做准备。

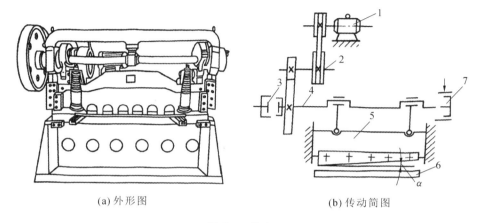

(a) 外形图　　　　　　　　　(b) 传动简图

图 5-1　剪床

1—电动机;2—传动轴;3—离合器;4—曲轴;5—滑块;6—工作台;7—制动器

剪床的型号表示剪床能剪切板料的厚度和长度,如 Q11-2×1000 型剪床,表示能剪切厚度为 2 mm、长度为 1000 mm 的板料。

2. 压力机(冲床)

压力机是进行冲压加工的常用设备,有开式压力机和闭式压力机两种。其中,开式压力机的外形图和传动简图如图 5-2 所示。电动机通过 V 带减速系统带动大带轮转动,踩下踏板,离合器闭合并带动曲轴转动,曲轴通过连杆带动滑块沿导轨做上下往复运动,完成冲压加工。如果将踏板踩下后立即抬起,滑块冲压一次后,在制动器作用下停在最高位置;如果踩下踏板不抬起,滑块将连续冲压。曲轴旋转时,滑块由上止点至下止点的位移叫作行程。滑块运行至最低位置时所产生的最大压力为冲床的公称压力,即冲床的吨位。滑块在行程最低位置时,其下表面到工作台面间的距离称为闭合高度。压力机的闭合高度应与冲模高度相适应,可通过调节连杆长度得到所需的闭合高度。

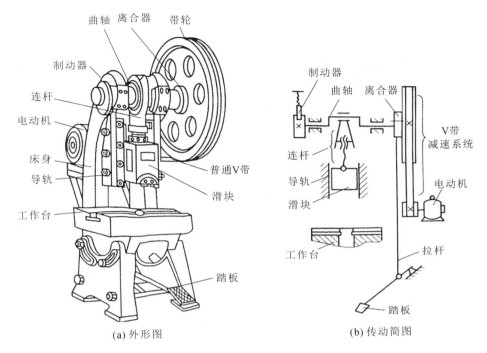

(a) 外形图

(b) 传动简图

图 5-2 开式压力机 (冲床)

5.3 冲模分类与结构

冲压模具简称冲模,是使板料分离或变形的主要工具,直接影响冲压件的表面质量、尺寸精度、生产率及经济效益。

1. 冲模分类

冲压模具按照结构不同,可分为简单模、连续模和复合模三种。

1) 简单模

在冲床的一次行程中只完成一道冲压工序的模具称为简单模,又称单工序模,如图 5-3 所示。简单模结构简单、制造容易,但其生产率低,只适用于小批量、精度低的零件生产。

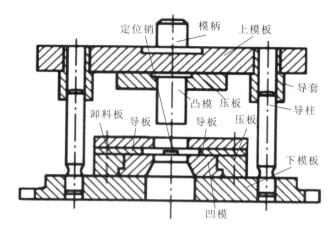

图 5-3　简单模

2）连续模

在冲床的一次冲程中,在模具的不同工位上能同时完成两道或两道以上冲压工序的模具,称为连续模。图 5-4 为落料和冲孔连续模,即在一次冲程内,可同时完成落料和冲孔两个工序。连续模生产率较高,适合于大批量、精度一般的零件生产。

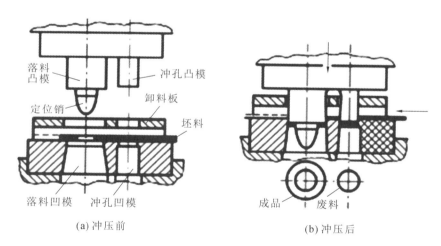

(a) 冲压前　　　　　　　　　　　(b) 冲压后

图 5-4　落料和冲孔连续模

3）复合模

在冲床的一次冲程中,在模具的同一工位上能完成两道或两道以上冲压工序的模具,称为复合模。图 5-5 为落料及拉深复合模。复合模结构复杂,但其具有较高的生产率,适于大批量、精度高的零件生产。

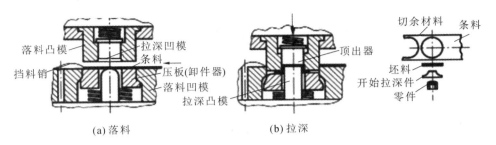

落料凸模
挡料销
条料
拉深凹模
压板(卸件器)
落料凹模
拉深凸模
顶出器
切余材料
条料
坯料
开始拉深件
零件

(a)落料　　　　　　　　(b)拉深

图 5-5　落料及拉深复合模

2. 冲模结构

典型的冲模结构如图 5-6 所示,由上模板、下模板两部分组成。凹模 7 用下压板 6 固定在下模板 5 上,下模板 5 用螺栓固定在压力机工作台上。凸模 11 用上压板 12 固定在上模板 2 上,上模板 2 则通过模柄 1 与压力机的滑块连接,凸模 11 可随滑块做上下运动。导柱 4 和导套 3 在上、下模板相对运动时起到导向作用,保证凸、凹模的位置准确且间隙均匀。坯料在凹模上沿两个导料板 9 之间送进,碰到定位销 8 为止。凸模向下冲压时,冲下部分的零件(或废料)进入凹模孔,而坯料则夹住凸模并随凸模一起回程向上运动。坯料碰到卸料板 10 时被推下,这样坯料继续在导料板间送进。重复上述动作,即可连续冲压。

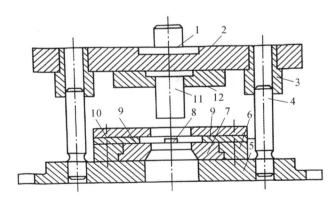

图 5-6　典型冲模结构

1—模柄;2—上模板;3—导套;4—导柱;5—下模板;6—下压板;7—凹模;

8—定位销;9—导料板;10—卸料板;11—凸模;12—上压板

5.4　冲压的基本工序

　　冲压的基本工序可分为分离工序和变形工序两类。分离工序是使零件与坯料沿一定的轮廓相互分离的工序,如落料、冲孔和切边等。变形工序是在板料不被破坏的情况下产生局部或整体塑性变形的工序,如弯曲、拉深和翻边等。常见的冲压基本工序见表5-1。

表 5-1　冲压基本工序及简图

工序类别	工序名称	简图	简要说明
分离工序	落料		用模具沿封闭边线冲切板料,冲落的部分是零件,留下的部分是废料
	冲孔		用模具沿封闭边线冲切板料,冲落的部分是废料,留下的部分是零件
变形工序	弯曲		使板料产生弯曲

续表

工序类别	工序名称	简图	简要说明
变形工序	拉深		使板料形成开口、空心的零件
	翻边		将坯料的边缘翻边成直立边缘
	胀形		将空心件(或管料)的一部分沿径向扩张,使其胀成凸肚形

习题与思考

5-1　冲压生产有何特点？应用范围如何？

5-2　冲压有哪些工序？各有什么特点？

5-3　连续模和复合模的主要区别是什么？

5-4　典型的冲模主要由哪些零件所构成？分别起什么作用？

第6章 锻压成形新工艺

【实训目的与要求】

1. 了解锻压成形新工艺、新技术的发展趋势；

2. 了解各种锻压成形新工艺的特点及应用。

新工艺的出现是工业技术发展的重要标志。就锻压技术来说，新工艺的发展方向主要是省力成形工艺和成形柔度及精度的提高。近年来，在塑性成形生产中出现了许多新工艺、新技术，如精密模锻、精密冲裁、粉末锻造、超塑性成形、高速高能成形等。

锻压成形新工艺的共同特点是：锻件形状更接近零件的形状，达到少甚至无切削加工的目的；获得合理的纤维组织，提高零件的力学性能；具有更高的生产率，适于大批量生产；采用先进的少氧化或无氧化加热方法，提高锻件的表面质量；易于实现机械化、自动化。

6.1 精密模锻

精密模锻是指在模锻设备上锻造出形状复杂、高精度锻件的模锻工艺。例如精密模锻伞齿轮，其齿形部分可直接锻出而不必再经过切削加工。精密模锻件尺寸精度可达 IT12～IT15，表面粗糙度 Ra 值为 $0.8～3.2~\mu m$。

其主要工艺特点如下：

（1）原始坯料尺寸和质量要精确，否则会降低锻件精度；

（2）仔细清理坯料表面，除净氧化皮、脱碳层及其他缺陷；

（3）采用无氧化或少氧化加热方法，尽量减少坯料表面形成的氧化皮；

（4）精锻模腔的精度要求很高，一般要比锻件精度高两级；

（5）精密锻模一定有导柱、导套结构，以保证合模准确；

（6）为排除模腔中的气体，减小金属流动阻力，使金属更好地充满模腔，凹模应开有排气孔；

（7）模锻时要对锻模进行润滑和冷却；

（8）精密模锻一般都在刚度大、精度高的曲柄压力机、摩擦压力机或高速锤上进行，它具有精度高、生产率高、成本低等优点，但由于模具制造复杂，对坯料尺寸和加热等要求高，故其只适合在大批量生产中采用。

实现精密模锻的方法很多，有等温模锻、超塑性锻造、粉末锻造、温锻等特种锻压工艺，并可采用专用设备及专用模具。

6.2　精密冲裁

精密冲裁（冲压）简称精冲，是在普通冲裁（普冲）的基础上发展起来的一种精密冲压加工工艺。它虽然与普冲同属于分离工艺，但却包含特殊工艺参数。由它生产的零件也具有不同的质量特征：尺寸公差小、形位精度高、剪切面光洁、表面平整、垂直度和互换性好。

当精冲与冷成形（如弯曲、拉深、翻边、锻压、压扁、半冲孔、挤压和压印等）加工工艺相结合后，"成形和精冲"加工的优点凸显，被广泛应用于各个工业领域——汽车、摩托车、计算机、钟表、纺织、照相机、办公机械、家电和五金等，尤其是制造三维的多功能件和安全件等非常经济。在汽车工业中，一辆轿车有40～100种零件是用精冲的方法制造的，如齿轮箱、离合器、座椅、空调、安全带、防抱装置（ABS）、制动装置和门锁等。

值得注意的是，这里所说的精冲，不是一般意义上的精冲（如整修、光洁冲裁和高速冲裁等），而是强力压板精冲。强力压板精冲的基本原理：在专用（三向力)压力机上,借助特殊结构模具,在强力作用下,使材料产生塑性-剪切变形,从而沿凹模刃口形状冲裁零件。

普冲与精冲的区别在于模具结构和特性参数不同,如图 6-1 所示,工艺区别详见表 6-1。

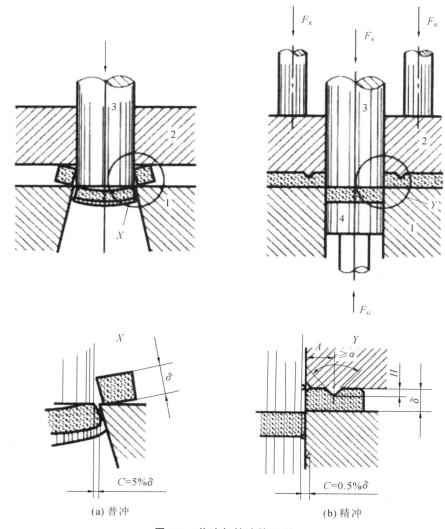

(a) 普冲   (b) 精冲

图 6-1　普冲与精冲的区别

1—凹模;2—导板;3—凸模;4—顶件器;

F_S—冲裁力;F_R—压边力;F_G—反压力;A—齿圈间距;$α$—齿形角;H—齿高;$δ$—板厚;C—冲裁间隙

表 6-1　普冲与精冲的工艺区别

项目特征		普冲	精冲
		剪切变形(控制撕裂)	塑性-剪切变形(抑制撕裂)
工件品质	尺寸精度	IT11～IT13	IT11
	冲裁面粗糙度 Ra 值	>6.3	0.4～1.6
	平面度	大	小
	不垂直度	大	小
	毛刺	双向,大	单向,小
模具	间隙	双边,(5%～10%)δ	单边,0.5%δ
	刃口	锋利	倒角
压力机	力态	普通(单向力)	特殊(三向力)
	工艺负载	变形功小	变形功为普冲的2～2.5倍
	噪声	有噪声,振动大	噪声小,振动小
冲压材料		无要求	塑性好(球化处理)
润滑		一般	特殊
成本		低	高(回报周期短)

6.3　超塑性成形

　　工程上常用来判断金属材料塑性的指标是相对延伸率δ。常用钢铁的δ值室温下一般不超过40%;非铁金属的δ值常温下不超过60%,在高温时也很难超过100%。超塑性是指金属或合金在特定条件下,在极低的形变速率($\varepsilon=(10^{-4}～10^{-2})$/s)、一定的变形温度($T=(0.5～0.7)T_{熔}$)和均匀的细晶粒(晶粒平均直径为0.2～50 μm)条件下,其相对延伸率δ超过100%的特性,如钢超过500%、纯黄铜超过300%、锌铝合金超过100%。

超塑性状态下的金属在拉伸变形过程中不产生缩颈现象,变形应力可比常态下金属的变形应力低百分之几十,因此,超塑性金属极易成形。

1. 超塑性成形工艺的特点

(1) 扩大了金属材料的应用范围,如过去只能采用铸造成形的镍基合金,经超塑性处理后,可以进行超塑性模锻;

(2) 金属填充模膛的性能好,可成形形状复杂、尺寸精度要求高的薄壁工件;

(3) 能获得均匀细小的晶粒组织,零件力学性能均匀一致;

(4) 金属的变形抗力小,可充分发挥中、小型设备的作用。

利用金属及合金的超塑性,为制造少(或无)切削加工和精密成形开辟了一条新的途径。

2. 超塑性成形工艺的应用

板料冲压、板料气压成形、挤压和模锻等多种工艺方法都可以利用金属的超塑性加工出复杂零件。

(1) 板料冲压。

图 6-2 为超塑性板料拉深成形示意图。若零件直径较小,且很长,选用超塑性材料可以一次拉深成形,所得零件质量高,且性能无方向性。

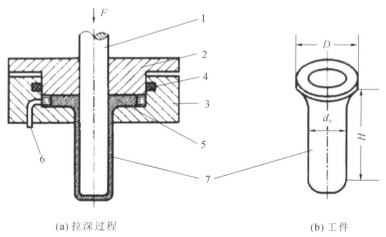

(a) 拉深过程   (b) 工件

图 6-2　超塑性板料拉深成形

1—冲头(凸模);2—压板;3—凹模;4—电热元件;5—板坯;6—高压油孔;7—工件

（2）板料气压成形。

如图 6-3 所示,将超塑性金属板料放入模具中,把板料与模具一起加热到规定温度,向模具内吹入压缩空气或抽出模具内的空气形成负压,使板料紧贴在凹模或凸模上,获得所需形状的工件。该法可加工的板料厚度为 0.4～4 mm。

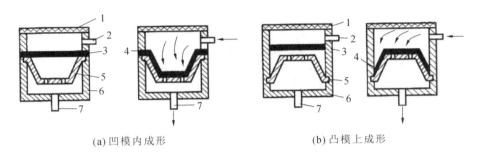

(a) 凹模内成形   (b) 凸模上成形

图 6-3 板料气压成形

1—电热元件;2—进气孔;3—板料;4—工件;5—凹(凸)模;6—模框;7—抽气孔

（3）挤压和模锻。

高温合金及钛合金在常态下塑性很差,变形抗力大,且由不均匀变形引起各向异性的敏感性强,用通常的成形方法难以成形,材料损耗极大。如果采用普通热模锻毛坯,再进行机械加工,金属损耗达 80% 左右,产品成本很高。如果在超塑性状态下进行模锻,能完全克服上述缺点,可节约材料、降低成本。

超塑性模锻是指将已具备超塑性的毛坯加热到超塑性变形温度,并以超塑性变形允许的应变速率,在压力机上进行等温模锻,最后对锻件进行热处理以恢复其强度的锻造方法。超塑性模锻可利用高温合金、钛合金等难成形、难加工材料锻造出精度高、加工余量小,甚至不需要加工的零件。超塑性模锻已成功应用于军工、仪表、模具等行业中,如制造高强合金的飞机起落架、燃气涡轮、注塑模型腔及特种齿轮等。

6.4 粉末锻造

粉末锻造将各种粉末压制成预制形坯,加热后再进行模锻,从而获得尺寸精度高、表面质量好、内部组织细密的锻件。粉末锻造是粉末冶金和精密模锻相结合的新工艺,其工艺流程为制粉→混粉→冷压制坯→烧结加热→模锻→机加工→热处理→成品,如图6-4所示。

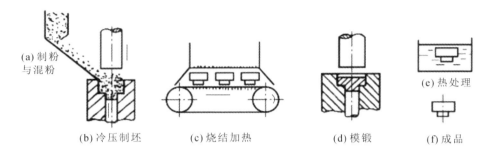

图 6-4　粉末锻造的流程图

粉末锻造特点如下:

(1)锻件精度和表面质量均高于一般模锻件,可制造形状复杂的精密锻件,特别适用于热塑性不良的材料,材料利用率高,可实现少或无切削加工;

(2)变形过程是压实和塑性变形的有机结合,通过调整预制形坯的形状和密度,可得到具有合理流向和各向同性的锻件;

(3)变形力小于普通模锻。

6.5　高速高能成形

高速高能成形又称高能率成形,是在极短的时间内,将化学能、电能、电磁能或机械能传递给被加工的金属材料,使之迅速成形的工艺。高速高能成形具有成形速度快、加工精度高、设备投资小和可加工难变形的金属材料等优点。高能率成形的加工形式有爆炸成形、电液成形和电磁成形等。

(1)爆炸成形。

爆炸成形是利用炸药在爆炸瞬间释放出的巨大化学能,通过介质(水或空气)以高压冲击波作用于坯料,使其在极高的速度下变形的一种工艺方法。爆炸成形适用于加工形状复杂、难以用成对钢模成形的工件,主要用于板料的拉深、胀形、弯曲、翻边、冲孔、压花纹等加工,还可进行爆炸焊接、粉末压制及表面硬化等。图 6-5 所示为爆炸拉深示意图。

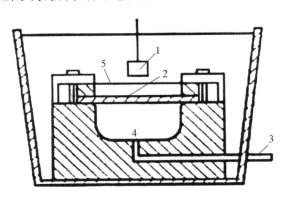

图 6-5　爆炸拉深示意图

1—炸药;2—板料;3—排气管道;4—凹模腔;5—压边圈

　　爆炸成形所用模具简单,无须冲压设备,成形速度快,能简单地加工出大型板材零件等,尤其适合于小批量生产或试制大型冲压件。

　　(2)电液成形。

　　电液成形是指利用在液体介质中放电所产生的高能冲击波,使金属坯料产生塑性变形的工艺。电液成形的原理与爆炸成形相似,它是利用放电回路中产生的冲击电流使电极附近的液体气化膨胀,从而产生强大的冲击力,使坯料发生变形。图 6-6 所示为电液成形原理图。

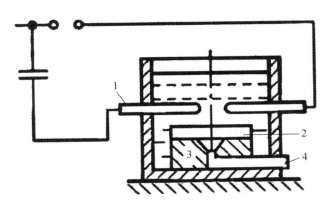

图 6-6　电液成形原理图

1—电极;2—板料;3—凹模;4—排气口

与爆炸成形相比,电液成形的能量控制和调整简单,成形过程安全稳定、噪声低、生产率高,适合于形状简单的中、小型零件的成形,特别是管件的胀形加工。

（3）电磁成形。

电磁成形是利用电磁力加压使金属坯料成形的工艺。电容器和控制开关形成放电回路,瞬时电流通过工作线圈产生强大的磁场,同时在金属工件中产生感应电流和磁场,在电磁力的作用下使坯料成形。图 6-7 所示为管件的电磁成形原理图,工作线圈放在管件外面可使其颈缩,工作线圈放在管件内部可使其胀形。

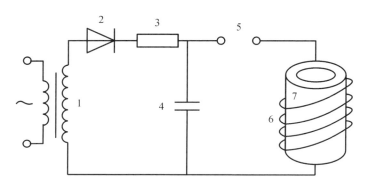

图 6-7　管件的电磁成形原理图

1—升压变压器;2—整流器;3—限流电阻;4—电容器;5—辅助间隙;6—工作线圈;7—工件

电磁成形一般要求坯料具有良好的导电性。如果坯料导电性差,应在其表面放置由薄铝板制成的驱动片。电磁成形不需要液态介质,工具几乎没有消耗,设备环保,成形效率高,适用于管材和板材的成形加工,如胀形、切断、冲孔、缩口、扩口等,还可用于工件之间的连接,如管与管、管与杆等的连接。

6.6　数控冲压

数控冲压是利用数字控制技术对板料进行冲压的工艺方法。实施数控冲压前,应根据冲压件的结构和尺寸,按规定的格式、标准代码和相关数据编写相应程序,输入计算机后,冲压设备受计算机控制,按程序顺序实现指令内容,自动完成冲压工作,所用设备称为数控冲床。

　　目前广泛采用的是数控步冲压力机,如图 6-8 所示,该压力机具有独立的控制台,其主要部件由能够精确定位的送料机构(定位精度为 ± 0.01 mm)和装有多个模具的回转头组成。板料通过气动系统由夹钳 3 夹紧,并由工作台 2 上的滚珠托住,使板料沿两个垂直方向移动时的阻力小。在控制台发出的指令控制下,板料待冲压部位准确移动至工作位置。同时,被选定的模具随回转头同步转至工作位置,按加工程序顺次进行冲压,直至整个工件加工完成。

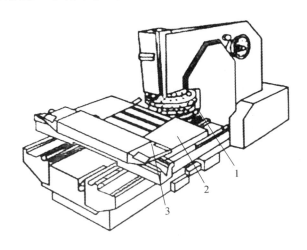

图 6-8　数控步冲压力机

1—回转头;2—工作台;3—夹钳

　　数控步冲压力机不仅可以进行单冲(冲孔、落料)、浅成形(压印、翻边、开百叶窗等),也可以采用步冲(借助做快速往复运动的凸模沿着预定路线在板料上进行逐步冲切)方式,用小冲模冲出大直径圆孔、方孔、曲线孔及复杂轮廓冲压件。

　　图 6-9 所示的零件采用数控冲压工艺制作,需编制数控程序。程序中通过 X-Y 和 X_G-Y_G 两个坐标系把工作台与模具的关系建立起来,包括移动、选择模具、执行冲切、停机等多条指令,检验无误后输入计算机。夹牢板料后开机,按程序工作台左移 20 mm(冲头由 O_G 点移至右孔中心点上),冲制 $\phi 7$ mm 孔;工作台右移 40 mm,冲出左侧圆孔。接下来按步冲程序冲切 AD、BC 两段圆弧。为了冲切直线轮廓,压力机回转头按指令将方形模具转至工作位置,计算机发出指令,冲切 AB、CD 直线轮廓,从而获得形状、尺寸符合图纸要求的零件。

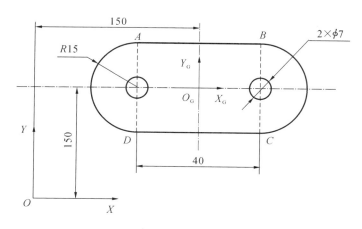

图 6-9　具有孔、圆弧和直线的零件图

数控冲压使冲压生产有了突破性进展,它具有如下特点。

（1）数控冲床的结构改变了普通冲床一机一模的状态,提高了冲床的通用性,在不更换模具的情况下可生产多品种冲压件,减轻了对专用模具的依赖。

（2）数控冲压在步冲分离金属时,是通过类似插削加工的切削过程逐步完成加工的。冲头在每一次冲压行程中只切下少量金属,能量消耗少,可提高工件精度,减少后续加工量。

（3）数控冲压可采用批量生产的模具,模具的安装调试时间短,寿命长,生产率高。

（4）数控冲压特别适合单件小批量生产,降低了冲压件的成本。

（5）数控冲压设备投资较大,材料利用率较低。

习题与思考

6-1　精密模锻和普通模锻相比有哪些不同之处?

6-2　精密冲裁和普通冲裁相比有哪些不同之处?

6-3　试述超塑性的概念及超塑性成形的方法。

6-4　高速高能成形的各种方法中有哪些共同特点?

第7章　数值模拟在锻压成形中的应用

【实训目的与要求】

1. 了解数值模拟技术在锻压成形中的应用；
2. 了解锻压成形数值模拟所用的主流软件。

在科学技术飞速发展的今天，"数值模拟"一词已广为人们所熟知，数值模拟已广泛用于各个领域。在工程应用中，数值模拟又叫作计算机辅助工程（computer aided engineering，CAE）技术。CAE技术在金属塑性加工的理论研究和生产实际中已显示其作用，金属塑性成形过程模拟正成为对塑性成形进行科学预测、工艺优化和定量控制的有效方法，在塑性加工领域获得愈来愈广泛的应用。各种CAE商业软件已在生产实际中应用，掌握CAE技术已经成为从事塑性成形和模具设计的技术人员所需具备的一项基本技能。

金属塑性成形的CAE技术是在计算机仿真与虚拟现实技术支持下，在计算机上进行产品设计、工艺规划、加工制造、性能分析、质量检验等，将原材料变成产品的虚拟现实过程，使得制造技术走出主要依赖于经验的狭小天地，进入全方位预测、力争一次成功的新阶段，从而缩短产品周期，减少费用，提高质量。CAE技术在塑性成形中的应用很广泛，它可以用于分析各种塑性成形工艺，如各种锻造、轧制、冲压、拉拔等及其各种热处理的计算上。它所能计算的参量也是很多的，如温度场、应力应变、（动态或静态）再结晶动力学、扩散行为及相变动力学等参量。

7.1　数值模拟在锻造成形中的应用

　　锻造工艺的数值模拟是运用模拟软件对锻造成形过程进行计算机虚拟仿真，直观地反映锻件在成形过程中不同阶段不同部位的应力分布、应变分布、温度分布、硬化状况和残余应力等各种信息，从而对锻造过程中的可能缺陷进行预测，找到最佳的工艺参数和模具结构参数，实现对产品质量的有效控制，为锻造工艺设计和优化提供科学依据，缩短产品研发和制造周期。

　　锻造工艺数值模拟的本质就是，在已知坯料几何形状、边界条件、初始条件及工件材料的所有一切参数条件下，利用有限元分析求解微分方程（本构方程）的过程。不同材料在不同的变形条件下所适用的微分方程是不同的。

1. 锻造工艺数值模拟的主流软件

　　当前，市面上成熟的商业锻造工艺仿真软件主要包括美国 SFTC 的 DE-FORM 软件、瑞典海克斯康的 Simufact Forming 软件、法国 TRANSVALOR 的 FORGE 和 COLDFORM 软件、韩国 MFRC 的 AFDEX 软件、俄罗斯 QuantorForm 的 QForm 软件，这些软件对于锻造工艺的改进和优化具有较高的可靠性和指导价值。

　　其中，DEFORM 在航空航天、船舶、汽车、能源等行业取得了切实良好的应用效益，为制造企业解决了大量的工艺难题；Simufact Forming 是面向金属成形与加工仿真分析领域公司的软件工具；FORGE 主要用于汽车、航空航天、有色金属、紧固件、手表制造等行业，COLDFORM 可以满足紧固件、汽车零部件、手表制造等行业的应用需求；AFDEX 的应用多见于汽车、轴承、模具等领域；QForm 广泛应用于航空航天、汽车、铁路机车等行业。

2. 应用 DEFORM 软件模拟锻造成形的一般步骤

　　DEFORM 专为金属成形而设计，可用于锻造、挤压、拉拔、自由锻、旋揉成形、轧制、粉末成形、切削、冲压、旋压、焊接、电磁成形等工艺以及 DOE（试验设计）工艺参数优化设计。DEFORM 自带材料模型，包括弹性、刚（黏）塑性、弹塑性、热刚(黏)塑性和粉末介质材料模型。在运算的过程中,当网格畸变达到一定程度后 DEFORM 会自动重新划分畸变的网格,生成新的高质量网格,不需要人工干涉;同时,用户自定义子函数功能允许用户定义自己的材料模型、模具运动、压力模型、断裂准则和其他函数。

　　DEFORM 系统主要由前置处理(pro processor)、模拟计算(simulation)、后置处理(post processor)三大模块组成。前置处理主要通过用户的参与,将实际问题用系统可以识别的几何模型来代替,并设置各种边界条件及相应的运动参数,最终目的是得到在模拟计算中可以调用的库文件。接下来,启动模拟计算模块,调用相应的库文件,确认无误后即可开始模拟。模拟完成之后,在后置处理模块中,DEFORM 系统提供了良好的图形界面,将模拟对象的应力场、应变场、温度场、速度场等生动、直观地展现出来。

　　应用 DEFORM 模拟锻造成形的主要步骤如下。

　　(1) 通常对变形体进行网格划分,得到有限网格节点,将变形体的节点速度和温度作为求解变量。

　　(2) 考虑坯料成形过程中的某一时刻,当变形体的速度场和温度场求解出以后,通过对速度场进行积分便可得到变形体的位移场及变形体在某一时刻各点的坐标位置,据此可由几何方程进一步计算出变形体的应变率。

　　(3) 考虑材料属性,根据材料的本构方程由初始微观组织、温度、应变、应变率计算得出变形体应力值。

　　(4) 利用微观组织演化方程展现由初始微观组织、应变、应变率和应力计算时出现的微观组织变化。

　　(5) 根据边界应力可求得模具所受到的压力值以及所需的压力载荷。

7.2　数值模拟在冲压成形中的应用

　　冲压模具与工艺设计是冲压成形技术的一个关键。由于冲压成形过程是一个非常复杂的物理过程,只能以许多假设为基础对传统的模具与工艺进行初步设计,然后大量地依赖经验与反复的试模、修模来保证零件的品质。这种方法用于新产品,尤其像汽车覆盖件一类的大型复杂零件的模具设计与工艺设计,不仅时间长、费用高,还往往难以保证零件的品质。随着计算机技术、有限元方法等相关学科的发展,冲压成形过程的仿真技术日趋成熟,并在冲压模具与工艺设计中发挥越来越大的作用。

冲压工艺仿真是指应用计算机数值模拟技术模拟冲压成形过程。其实质就是利用数值模拟技术分析给定模具和工艺方案所冲压的零件的变形全过程,从而判断模具和工艺方案的合理性。每一次仿真就相当于一次试模过程。因此,成熟的仿真技术不仅可以减少试模次数,在一定条件下还可使模具和工艺设计一次合格而避免修模。这可大大缩短新产品开发周期,降低开发成本,提高产品品质和市场竞争力。

目前,冲压成形的模拟技术主要应用于落料、冲孔、拉深、胀形、修边、翻边、弯曲等传统工艺以及热成形、旋压成形、液压弯管和超塑性成形等特殊工艺的计算仿真。

1. 冲压工艺数值模拟的主流软件

目前市面上有多款冲压工艺仿真软件,其中最为主流的是瑞士 AutoForm 的 AutoForm Forming 软件、美国 ETA 和 LSTC 公司的 DynaForm、美国 Ansys 的 LS-DYNA、法国 ESI 集团的 PAM-STAMP、日本 JSOL 的 JSTAMP。AutoForm Forming 是全球汽车主机厂和模具厂的首选冲压仿真软件,它也涉足医疗、电器以及大型家用电器行业;DynaForm 在汽车、模具、钢铁、家电、电子、航空航天等行业有着广泛的应用;LS-DYNA 多年来用于汽车行业耐撞性和乘客安全的仿真,应用领域包括汽车、航空航天、电子/高科技等;PAM-STAMP 主要应用于汽车、航空航天、模具等行业;JSTAMP 的应用可见于汽车、轨道交通装备、模具等领域。

另外,海克斯康的 FormingSuite 和 Simufact Forming、华中科技大学的 FASTAMP-NX、Altair 的 Inspire Form 等软件在冲压仿真市场也都得到了较广泛的应用。FormingSuite 在航空航天、汽车、船舶、铁道车辆、家用电器、钢材、模具等行业得到了广泛应用;Simufact Forming 主要应用于汽车、模具、工程机械等行业;FASTAMP-NX 在航空航天、汽车、五金家电等行业得到广泛应用;Inspire Form 的应用领域涵盖汽车、航空航天、电子、制药和重工业等行业。

2022 年，Ansys 推出的 Ansys Forming 可对汽车、家电、航空航天、包装品等行业常见的金属薄板成形工艺进行模拟分析；C3P Software 推出的 AI-FORM 是全球首款直接应用于冲压成形的交互式多目标优化商用软件，普遍应用于汽车工业、精密冲压和连续模冲压工业中。

2. 应用 DynaForm 软件模拟冲压成形的一般步骤

DynaForm 是美国 ETA 公司和 LSTC 公司联合开发的板料成形分析及数值仿真专用软件，是世界著名的 LS-DYNA 求解器与 ETA/FEMB 强大前后处理器的完美组合，两者的高度集成使其成为当今流行的板料成形与模具设计的 CAE 工具。DynaForm 提供了丰富高效的单元类型、领先的接触和边界处理技术，以及 140 余种金属和非金属材料模型，具有标准的 SAE 材料库目录。DynaForm 可以较为逼真地模拟预压边、拉深、翻边、整形、弯曲、多工序等典型冲压成形过程，并且能直观地显示各种分析结果，如模具零件的运动、板料的动态成形以及板料厚度的变化、应力应变分布、成形极限预测等。

应用 DynaForm 模拟冲压成形的步骤如下。

（1）在 CAD 软件（如 Pro/E、UG）或直接在 DynaForm 的前处理器中建立零件的板料模型，并根据拟定的成形方案，建立对应的凸模和凹模的型面模型，以及压边圈等模具零件的面模型，然后以 IGES、STL 或 DXF 等文件格式将上述模型数据导入 DynaForm 系统。

（2）利用 DynaForm 提供的网格划分工具对凸模、凹模、压边圈和板料进行网格划分，检查并修正潜在的网格缺陷，包括网格边界、翘曲角、重叠结点等。

（3）定义凸模、凹模、板料和压边圈的属性，以及相应的冲压参数，包括接触类型、摩擦系数、运动速度和压边力曲线等。

（4）调整凸模、凹模、板料和压边圈之间的相互位置，观察凸模和凹模之间的相对运动，以确保冲压动作的正确性。

（5）设置好分析计算参数，然后启动 LS-DYNA 求解。

（6）将求解结果读入 DynaForm 后处理器中，以云图、等值线和动画等形式显示数值模拟结果。

习题与思考

7-1　简述金属锻压成形过程数值模拟的一般步骤。

7-2　目前用于金属锻压成形数值模拟的常用软件有哪些？各有什么优势？

参考文献

[1] 常万顺,李继高.金属工艺学[M].北京:清华大学出版社,2015.

[2] 王志海.机械制造工程实训[M].北京:清华大学出版社,2010.

[3] 夏重.机械制造工程实训[M].北京:机械工业出版社,2021.

[4] 王志海.工程实践与训练教程[M].武汉:武汉理工大学出版社,2007.

[5] 朱民.金工实习[M].2版.成都:西南交通大学出版社,2016.

[6] 傅水根,李双寿.机械制造工艺基础[M].北京:清华大学出版社,2010.

[7] 李双寿.机械制造实习[M].北京:清华大学出版社,2009.

[8] 傅建,肖兵.材料成形过程数值模拟[M].2版.北京:化学工业出版社,2019.

[9] 向和军.抽油杆精密模锻工艺及其有限元模拟研究[D].武汉:华中科技大学,2006.